AF547167

KEINE ANGST VOR DER MPU

ANLEITUNG FÜR DIE PRÜFUNG

Dr. jur. Harro Höger

Bibliografische Information der Deutschen Nationalbibliothek: Die Deutsche Nationalbibliothek verzeichnet diese Publikation in der Deutschen Nationalbibliografie; detaillierte bibliografische Daten sind im Internet über dnb.dnb.de abrufbar.

© 2023 Harro Höger
Herstellung: Books on Demand, Norderstedt
Verlag: Hergarten-Media-Verlag

ISBN: 978-3-936822-52-6

Inhaltsverzeichnis

“

Sehr geehrte Leserin, sehr geehrter Leser, bitte nehmen Sie zur Kenntnis: Wo es möglich war, habe ich immer das generische Maskulinum verwendet. Doch die Begriffe gelten für alle Geschlechter. Die verkürzte Sprachform dient der besseren Lesbarkeit, eine Wertung ist damit nicht verbunden.

Intro

In zehn Jahren wird es vielleicht keine medizinisch-psychologischen Untersuchung (MPU) mehr geben. Vielleicht werden wir dann in unseren selbstfahrenden Autos sitzen und uns von einem Algorithmus durch die Gegend kutschieren lassen, während wir unsere Mails checken. Vielleicht werden die Verkehrspsychologen, die Herren der MPU, dann umschulen müssen. Denn dann könnte der Führerschein Geschichte sein und die Frage, ob sich jemand in Zukunft an die Verkehrsregeln halten wird, überflüssig.

Aber noch sind Deutschlands Straßen gefährlich. Im Jahr 2021 gab es 2,6 Millionen Verkehrsunfälle mit 2450 Todesfällen und 330.000 Verletzten. Alkohol ist eine der Hauptursachen. Dabei verunglückten 16.426 Menschen bei Alkohol-Unfällen, 165 von ihnen starben. Personen, die alkoholisiert, zugedröhnt, leichtsinnig oder überbordend aggressiv Auto fahren, gehören nicht auf die Straße, ihnen wird zu Recht der Führerschein vorenthalten.

Nun können Menschen sich ändern und zu verantwortungsvollen Verkehrsteilnehmern werden. Dies beginnt mit Einsicht in eigene Fehler und dem Willen zur Veränderung. Umfassende Verhaltensänderungen sind wichtig, um wieder fahren zu dürfen. Jedes Jahr schaffen das über 50.000 Personen.

Was passiert bei der medizinisch-psychologischen Untersuchung, der sog. MPU? Der Psychologe überprüft und entscheidet in einer mündlichen medizinisch-psychologischen Untersuchung, ob eine von dem Klienten behauptete Veränderung tatsächlich auch stattgefunden hat. Das ist eine Herausforderung für den Psychologen, der zwar die Akten der Straßenverkehrsbehörde kennt, aber den Klienten vor dem Termin nicht kennengelernt hat. Nach einer Fragerunde muss er jedoch eine Entscheidung treffen. Dies alles geschieht in einem Zeitraum von 60 bis 90 Minuten.

Damit Sie, verehrter Leser, als Klient bei dieser Fragestunde mit dem Psychologen erfolgreich abschneiden, soll das vorliegende Buch Hilfestellung leisten. Aufgrund der Vielzahl ausgewerteter Gutachten über Jahre hinweg habe ich eine Struktur im Ablauf der Fragestunde erkannt, die hier offengelegt wird.

Entscheidend für Ihr Abschneiden wird sein, ob Sie Ihre deliktspezifische Lebensgeschichte überzeugend und detailreich schildern können. Der Psychologe braucht Informationen, denn er muss den Umfang Ihres Problems erfassen und einordnen, z.B. ob es sich um eine leichte oder schwere Problematik handelt. Die Art und Intensität des Problems wird bewertet und davon hängen der weitere Verlauf und das Ergebnis ab.

Um Fehlschlüsse seitens des Gutachters zu vermeiden, sollten Sie Ihre individuelle Geschichte detailliert erzählen können, schlüssig und überzeugend. Wichtig ist, dass Sie kein erfundenes Märchen liefern, denn das würde dem erfahrenen Gutachter auffallen. Nein, Sie sollen sich so genau wie möglich an Ihr Fehlverhalten, Ihre Gefühle und Handlungen erinnern und den allmählichen Veränderungsprozess schildern, durch den es zu einer echten Veränderung Ihres Verhaltens gekommen ist.

In diesem Buch werden bei den Fragen immer wieder Aspekte angesprochen, wie Emotionen, persönliche Erfolge oder Krisen, die Sie in Ihre Lebensgeschichte integrieren sollten. Dadurch wird Ihr

Lebenslauf facettenreich und bunt. Und wenn die Geschichte nachvollziehbar eine dauerhafte signifikante Veränderung hin zum verantwortungsbewussten Verkehrsteilnehmer beschreibt, dann kann das Ergebnis der Prüfung nur positiv sein!

Harro Höger

Das Vorverfahren

Jetzt ist es passiert!

Jetzt ist der Führerschein weg. Die Polizei hat ihn beschlagnahmt. Was soll ich tun, werden Sie sich fragen?

1. Brauchen Sie einen Anwalt?

Hoffentlich sind Sie rechtschutzversichert oder können sich einen Anwalt leisten. Denn Sie sollten jetzt einen Rechtsanwalt aufsuchen und zwar möglichst einen Fachanwalt für Verkehrsrecht. Warum einen Fachanwalt? Das Verkehrsrecht ist heute so kompliziert geworden, dass man besser einen fachlich versierten kompetenten Spezialisten an seiner Seite hat. Wo Sie den finden? Vielleicht in den Gelben Seiten. Sicher im Internet. Auf der Homepage der Anwaltskammer Ihrer Stadt gibt es einen Link „Anwaltssuche". Suchen Sie dort konkret nach einem Fachanwalt für Verkehrsrecht.

Der Rechtsanwalt wird schnell Akteneinsicht erhalten. Er kann dann überblicken, ob sich ein Rechtsmittel gegen die Führerscheinbeschlagnahme lohnt. Ansonsten ist mit dem Entzug des Führerscheins Ihre bisherige Fahrberechtigung erloschen und in Zukunft gehen Sie erst einmal zu Fuß.

Was bedeutet es, wenn Sie außerdem noch bei der Polizei vorgeladen werden?

Nun, im Strafverfahren wird das Ermittlungsverfahren immer zunächst von der Polizei durchgeführt. Dabei werden Sie als Beschuldigter vorgeladen und befragt. Sie sind aber nicht verpflichtet, zur Vernehmung zu erscheinen. Wenn Sie freiwillig aussagen wollen, sollten Sie zunächst die Akteneinsicht abwarten und sich dann mit dem Anwalt beraten. Sie sind grundsätzlich nicht verpflichtet, eine Aussage zu machen, die Sie oder Angehörige belasten könnte.

Erst nach sechs bis neun Monaten wird das Gericht das Strafverfahren eröffnen. Es verhängt die Strafe, die Entziehung der Fahrerlaubnis und die Sperrfrist, in der Regel ab 1,6 ‰, und einen Ersttäter ohne Unfall erwarten mindestens sechs Monate Sperrfrist oder drei Monate ab Urteil. Die Geldstrafe richtet sich nach dem Einkommen. Vor Ablauf der vom Strafgericht festgesetzten Sperrfrist darf die Fahrerlaubnisbehörde keine neue Fahrerlaubnis erteilen, § 69 a StGB. Wenn Sie jetzt meinen, dass Sie nach Ablauf der Sperrfrist den Führerschein automatisch zurückerhalten, dann irren Sie sich. Sie müssen das beantragen und vor der Neuerteilung der Fahrerlaubnis wird möglicherweise im Rahmen einer medizinisch-psychologischen Untersuchung (MPU) Ihre Eignung überprüft.

2. Keine Zeit verlieren

Was können Sie bis zur Eröffnung des Strafverfahrens tun?

Die Devise lautet: keine Zeit verlieren!

Wichtig ist jetzt, den Zeitraum bis zur Verhandlung vor Gericht zu nutzen.

Liegt ein Verstoß innerhalb der Führerschein-Probezeit vor, sollten Sie jetzt an einem Aufbauseminar für Fahranfänger teilnehmen.

Prüfen Sie selbst oder lassen Sie sich von Ihrem Anwalt erklären, ob Sie mit einer medizinisch-psychologischen Untersuchung (MPU) bei einer amtlich anerkannten Begutachtungsstelle für Fahreignung (BfF) rechnen müssen.

Wann müssen Sie mit einer MPU rechnen?

» Ihre Fahrerlaubnis wurde wiederholt entzogen.
» Sie fuhren mit mehr als 1,6 Promille im Straßenverkehr.
» Sie fuhren wiederholt unter Alkoholeinfluss im Straßenverkehr (auch als Ordnungswidrigkeit unter 1,1 Promille).
» Bei Ihnen besteht Alkohol- oder Drogenabhängigkeit.
» Sie haben erheblich oder wiederholt gegen verkehrsrechtliche Vorschriften verstoßen.
» Sie haben eine erhebliche Straftat begangen, die im Zusammenhang mit dem Straßenverkehr steht.
» Sie haben eine erhebliche Straftat begangen, die im Zusammenhang mit der Kraftfahreignung steht, und es bestehen Anhaltspunkte für ein hohes Aggressionspotenzial.
» Bei bestimmten Krankheiten und gesundheitlichen Einschränkungen.

Bei drohender MPU sollten Sie sich von einem kompetenten Verkehrspsychologen beraten lassen.

3. Brauchen Sie einen Fachpsychologen?

Mit einem kompetenten Verkehrspsychologen kommt jetzt ein zweiter Mann ins Spiel. Wer ist das? Das ist ein freiberuflicher Diplom-Psychologe, der eine verkehrspsychologische Zusatzausbildung gemacht hat. Den finden Sie ebenfalls im Internet oder in den Gelben Seiten. Wahrscheinlich kennt auch der Rechtsanwalt eine gute Adresse.

Muss das sein, werden Sie sich fragen. Es muss nicht sein, es ist keine zwingende Voraussetzung, ist aber nach meiner Erfahrung enorm wichtig. Warum? Weil Sie hier einen genauen Überblick erhalten, was Sie demnächst tun müssen.

Wer darauf verzichtet, liest unter Umständen in seinem negativen Gutachten: „Um eine günstige Entwicklung der Eignungsvoraussetzungen vor einer eventuellen späteren Begutachtung zu unterstützen, empfehlen wir Herrn XX, weitere fachliche Hilfe bei der Aufarbeitung der beschriebenen individuellen Problematik in Anspruch zu nehmen. Erfolgversprechend dürfte insbesondere die Inanspruchnahme einer individuellen Einzelberatung bei einem verkehrspsychologisch erfahrenen Diplom-Psychologen sein. Hierbei ist in der Regel für eine effektive psychologische Intervention ein längerfristiger Zeitraum mit kontinuierlich stattfindenden Gesprächen erforderlich.“

Was zeichnet einen seriösen Verkehrstherapeuten aus?

Die Bundesanstalt für Straßenwesen hat einen Kriterienkatalog erstellt, an dem man sich orientieren kann:

Ein seriöser und kompetenter Berater oder Verkehrstherapeut

- ist Diplom-Psychologe, hat eine verkehrspsychologische Ausbildung absolviert und bildet sich regelmäßig fort. Außerdem ist er mit den aktuell geltenden Beurteilungskriterien vertraut. (Die Beurteilungskriterien sind ein Katalog für die Begutachtung der Fahreignung. Sie werden gemeinsam von der Deutschen Gesellschaft für Verkehrspsychologie und der Deutschen Gesellschaft für Verkehrsmedizin herausgegeben. In ihnen wird beschrieben, welche Bedingungen man erfüllen muss, damit eine MPU positiv werden kann. Es handelt sich um verbindliche Regelungen. Das Buch in der vierten Auflage hat 454 Seiten).
- gibt keine Garantien, wie zum Beispiel „Geld-zurück" oder „100-Prozent-Chance".
- klärt über Leistung und Kosten auf und bietet faire Zahlungsmodalitäten.
- informiert sich objektiv und vertraulich über Ihre Verkehrsauffälligkeiten. Er fordert Sie beispielsweise auf, Urteile, Schriftverkehr mit der Führerscheinstelle, Auszug aus dem Verkehrszentralregister, bisherige Gutachten vorzulegen.
- wird Sie nicht unter Druck setzen.
- nötigt Sie nicht, „zurechtgebastelte" Geschichten auswendig zu lernen, die den Gutachter angeblich überzeugen.
- macht im Verlauf der Beratung schriftliche Aufzeichnungen.
- händigt Ihnen zum Schluss ein schriftliches Beratungsergebnis oder eine Teilnahmebescheinigung für die Vorbereitungsmaßnahme aus.
- stellt Ihnen eine Quittung aus, wenn Sie bar bezahlen.

» Sie sollten dies im Vorfeld gezielt klären (Homepage, direkt befragen).

Was erfahren Sie in der verkehrspsychologischen Beratung? Hier können Sie konkrete Empfehlungen erhalten, was Sie konkret tun müssen, um schnellstmöglich wieder einen Führerschein zu bekommen. Insbesondere erfahren Sie, welche medizinischen Nachweise für eine positive Begutachtung notwendig sind. Der Berater wird Ihnen am Ende der Beratung ein schriftliches Beratungsergebnis aushändigen. Im Falle weitergehender Empfehlungen wird dort genau stehen, welche ergänzenden Schritte Sie gehen sollten.

Zum Beispiel müssen Sie bei einem Drogenproblem ein Drogen-Kontroll-Programm für die Dauer eines Jahres buchen, um den Nachweis zu bekommen, dass sich im letzten Jahr kein Anhalt auf Drogenkonsum ergeben hat. TÜV, DEKRA u. ä. führen diese Programme durch. Damit können Sie bei der MPU Drogenfreiheit belegen.

Bei einem Alkoholproblem führen Sie den Nachweis der Alkoholabstinenz mit Hilfe eines Kontrollprogramms, bestehend aus mindestens sechs unvorhersehbar angeordneten Urinkontrollen auf das Alkoholabbauprodukt Ethylglucuronid (EtG) im Verlauf von zwölf Monaten, u. U. reichen sechs Monate. Das Programm muss, um nachvollziehbar zu sein, an einer Stelle komplett durchgeführt werden und sollte mit einer Stellungnahme eines nach § 11 Abs. 2 FeV geeigneten Arztes (z.B. Arzt an einer Begutachtungsstelle für Fahreignung) abgeschlossen werden.

Wer Alkoholiker oder Junkie ist oder durch besondere Aggressivität im Straßenverkehr auffällt, sollte jetzt schnellstmöglich medizinische Hilfe oder intensive fachliche/suchttherapeutische Unterstützung in Anspruch nehmen. Sonst sieht er den Führerschein nie wieder. Und diese individuellen Hilfen benötigen Zeit, Monate oder sogar Jahre.

Zum Schluss noch ein ganz wichtiges Argument, das für den Besuch beim Verkehrspsychologen spricht. Wenn Sie dort z. B acht Stunden absolviert haben, wird Ihr Psychologe in seiner schriftlichen Stellungnahme wahrscheinlich noch wohlwollend nur eine Drogengefährdung attestieren, wo der Gutachter Drogenabhängigkeit oder fortgeschrittene Drogenproblematik angenommen hätte. Der Gutachter wird die Beurteilung Ihres freien Psychologen höchstwahrscheinlich übernehmen, denn der hat Sie ja viel länger gesehen als der Gutachter und hat mit Ihnen ja viel länger gearbeitet. Damit kommen Sie zu einer besseren Bewertung! Böse Zungen behaupten, das moderne MPU-Verfahren sei ein Verkehrs-Psychologen-Versorgungs-Verfahren.

Andererseits ist der Verkehrspsychologe kein Muss. Eine MPU-Vorbereitung wird nur erfolgreich sein, wenn eine echte Veränderung in der Wesensart des Kunden stattgefunden hat. Das kann mithilfe eines Verkehrspsychologen erfolgen, kann aber auch an einem eigenen Einsicht- und Entwicklungsprozess liegen. Eine Verkehrstherapie ist nur bei einem gravierenden psychischen Problem erforderlich. Die Hauptsache ist, dass tatsächlich eine echte Veränderung stattgefunden hat.

4. Vorbereitung auf das psychologische Untersuchungsgespräch

Sie werden sich fragen, ob man sich auf die MPU überhaupt vorbereiten kann? Ich kann Ihnen versichern, man kann nicht nur, man muss! Aus gut unterrichteten Kreisen verlautet, dass 80 Prozent von denen durchfallen, die sich nicht vorbereitet haben.

Den ersten Schritt haben Sie schon getan, indem Sie diesen Text lesen.

Die MPU überprüft Ihre zukünftige Eignung zum Führen von Kraftfahrzeugen. Grundlage dafür sind Ihr Erscheinungsbild, Ihr Verhalten, Ihre Aussagen. Die im Untersuchungsgespräch gemachten Ausführungen werden nur dann als glaubhaft angesehen, wenn sie in sich widerspruchsfrei und also folgerichtig sind. Ausführungen sind umso glaubhafter, je detaillierter und konkreter sie sind. In ihnen finden sich Situationsdarstellungen, subjektive Wahrnehmungen (Gefühle, Gedanken, Motive), Erlebnisberichte und Verhaltensschilderungen in Form weitgehend spontaner Äußerungen. Hier sind wir wieder bei Ihrer Story. Sie sollen keine Geschichte erfinden, aber Sie sollen sich an Ihr Erleben so genau erinnern wie möglich. Wie war das damals? Was habe ich damals empfunden? Wir werden später noch genauer auf die einzelnen Elemente eingehen.

Aber wir können schon einmal die Fakten sammeln. Wer weiß schon, in welchem Jahr er den Führerschein gemacht hat, wann er welche Verkehrsdelikte begangen hat, wie die Medikamente heißen, die er einnehmen muss usw. Diese Daten der persönlichen Biografie müssen nicht wie aus der Pistole geschossen kommen, aber nach kurzem Überlegen ist eine richtige Antwort wünschenswert. Deshalb sollte man die Daten und Namen sammeln und möglichst auswendig lernen.

Außerdem sollten wir uns gedanklich auf das Psychologische Untersuchungsgespräch einstellen. Was erwartet uns dort? Der Psychologe hat schon vor dem Termin Ihre Akte studiert und sich auch Ihre ausgefüllten Fragebögen angesehen. Damit hat er schon die ersten Hinweise über den Ausprägungsgrad Ihrer Problematik.

Zum Termin wird er Sie freundlich begrüßen. Sie sind zu einem Gespräch geladen, nicht zu einem Verhör. Das Gespräch wird strukturiert verlaufen. Zuerst kommt eine Aufwärmphase. Sie werden über den Zweck des Gesprächs informiert. Sie erfahren, dass eine Datenerhebung erforderlich ist, um die Fragestellung der Straßenverkehrsbehörde zu beantworten. Ihre Antworten sollen widerspruchsfrei sein und korrekt.

Begegnen Sie dem Psychologen freundlich und offen. Vermitteln Sie eine positive Einstellung, lassen Sie die Bereitschaft erkennen, mitzuarbeiten und die Wahrheit zu sagen. Dann steht im Gutachten, dass das Kommunikationsverhalten des Klienten der Begutachtungssituation angemessen ist (face to face). Der Klient zeigt Bereitschaft zuzuhören und folgt der Gesprächsführung. Schlecht wäre es, wenn im Gutachten stünde, dass der Klient trotz wiederholter Erläuterung der rechtlichen Situation durch den Gutachter nicht bereit ist, eine Befragung zu akzeptieren.

Wichtig ist schließlich auch der unmittelbare persönliche Eindruck, den der Untersuchte in der Exploration hinterlässt. Er soll offen und fließend zu dem gezeigten Fehlverhalten Stellung nehmen und sehr ausführlich die Umstände beschreiben, die zu seinem Fehlverhalten geführt haben.

Danach beginnt die Datengewinnung. Die besteht aus einer detaillierten Faktenermittlung in Verbindung mit Ihrer Wertung. Der Gutachter will genau wissen, was Sie z.B. vor drei Jahren getrunken haben. Dann müssen Sie genau aufzählen, ich habe sieben Halbe getrunken, einen Jägermeister usw.

Sagen Sie auf keinen Fall, Sie können sich nicht mehr erinnern. Der Gutachter erwartet, dass Sie sich an wichtige Vorgänge detailliert erinnern. Ist das nicht der Fall, sind die Vorgänge für Sie nicht wichtig, folglich hat auch damit keine Auseinandersetzung und keine Aufarbeitung stattgefunden.

Malen Sie Ihre Story aus. Ein Beispiel: Sie erklären im Zusammenhang mit dem Vorfall „Handy am Steuer", Sie hätten jetzt eine Freisprechanlage gekauft. Der Psychologe hakt sofort nach, warum nicht früher. Sie können jetzt die farblose Antwort geben, Sie hätten vorher nicht daran gedacht. Sie können jetzt aber auch die Antwort ausschmücken und zu Ihrer individuellen Antwort machen: Ich war bei XY. Dort habe ich eine Freisprechanlage für 49,90 € gekauft. Die funktionierte nicht. Ich wollte sie umtauschen. Doch ich hatte einen Fehler beim Einrichten des Bluetooth gemacht. Der Akku war ständig leer. Deshalb wollte ich eine neue, größere Anlage für 99 € kaufen. Und bei der Absicht ist es geblieben, weil mir das damals nicht so wichtig war. Der Psychologe wird wohlwollend registrieren, dass Sie bereit sind, Hintergründe aus Ihrer Biographie und Lebenssituation offen zu legen und darüber zu reflektieren.

Zur Datengewinnung gehört auch die Suche nach Problemeinsicht und Ursachenanalyse. Der Gutachter wird Sie immer wieder mit Rückfragen konfrontieren, wie es Ihnen damals ging und was Sie sich dabei gedacht haben. Wer jetzt mit glänzenden Augen von früheren Heldentaten erzählt, macht keinen guten Eindruck.

Der Ablauf ist ein Frage-Antwort-Modus. Die konkreten Fragen sind überwiegend immer dieselben und werden in diesem Buch in den speziellen Kapiteln für Alkohol, Drogen und Punkte behandelt.

Für Ihre Story fasse ich zusammen: Sie erinnern sich bitte genau, was damals passiert ist. Sie berichten so ausführlich wie möglich und behalten bei der Bewertung Ihrer früheren Taten im Auge, dass Sie wegen dieser Taten jetzt die MPU am Hals haben.

Im Internet werden kostenpflichtige MPU-Vorbereitungskurse als Einzel- oder Gruppenberatung angeboten. Seriöse Anbieter von MPU-Vorbereitungskursen bieten vor dem eigentlichen Kurs kostenlose Infoabende an. Bei diesen Veranstaltungen erhalten Sie Informationen zum Leistungsangebot des jeweiligen Anbieters.

In einem Einzelgespräch mit einem Verkehrspsychologen kann sich dieser viel intensiver als in einem Gruppengespräch mit Ihrem Fall befassen. Dadurch ist es ihm möglich, Ihren Fall genau zu beurteilen und Ihnen eine konkrete Hilfestellung zu geben. Eine verkehrspsychologische Beratung als Einzelgespräch ist jedoch teuer. Ein einstündiges Gespräch kostet etwa 100 Euro. Die Anzahl der benötigten Gesprächsstunden ist zwar immer einzelfallabhängig, doch zehn Stunden müssen Sie für eine gute Vorbereitung einplanen.

Im Vergleich zur Einzelberatung ist die Gruppenberatung häufig etwas günstiger. Die Kosten für diese Form der MPU-Beratung liegen zwischen 500 und 1.000 Euro. So intensiv wie bei einer Einzelberatung kann ein Verkehrspsychologe in der Gruppensitzung jedoch nicht auf Ihren speziellen Fall eingehen.

Zirka drei Monate vor Ablauf der Sperrfrist stellen Sie bei der Führerscheinstelle einen „Antrag auf Wiedererteilung der Fahrerlaubnis“. Voraussetzung ist, dass die Akten vom Gericht beim Straßenverkehrsamt angekommen sind. Hier wird oft eine persönliche Vorsprache verlangt, daher bitte den Personalausweis mitnehmen. Die Antragsgebühren sind in den Städten unterschiedlich (zwischen 150 € und 240 €). Welche Unterlagen Sie zusätzlich einreichen müssen (Augenarzt, Erste-Hilfe-Maßnahme, Führungszeugnis, Bild etc.), teilt Ihnen die Führerscheinstelle mit.

Wenn die Behörde nach Durchsicht der Akte entschieden hat, dass Sie an einer MPU teilnehmen müssen, sollten Sie innerhalb von 14 Tagen eine Begutachtungsstelle aussuchen und angeben. Das Straßenverkehrsamt übersendet dann alle Unterlagen an diese Prüfstelle. Sie sind nicht verpflichtet, eine der vom Straßenverkehrsamt vorgeschlagenen Begutachtungsstellen für Fahreignung zu nehmen.

Sie können sich eine Begutachtungsstelle aussuchen. Es gibt eine Vielzahl von Begutachtungsstellen für Fahreignung. Eine Liste, geordnet nach Postleitzahlen, finden Sie unter dem Link:
bit.ly/3oteuhd

Können Sie die Aufforderung der Führerscheinstelle, ein Gutachten vorzulegen, einfach ignorieren? Natürlich kann Sie niemand zwingen, sich dieser Prozedur zu unterziehen. Aber innerhalb eines bestimmten Zeitrahmens müssen Sie die MPU machen. Denn ohne positives Gutachten bleibt der Führerschein definitiv entzogen.

Also vereinbaren Sie mit der Begutachtungsstelle für Fahreignung einen Termin. Sie können um einen kurzfristigen Termin bitten, und dann steht die Untersuchung an und Sie erscheinen gut vorbereitet und ausgeschlafen zu diesem Termin mit dem Grundsatz:

Jetzt ehrlich sein! Selbst die kleinste nachgewiesene Lüge wird geahndet!

5. Die Fragebögen

Welche Bedeutung haben die Fragebögen?

Die bei der Untersuchung regelmäßig eingesetzten Fragebogen dienen der Vorbereitung des psychologischen Untersuchungsgesprächs. Sie erheben nicht den Anspruch auf Vollständigkeit in der Befunderhebung oder auf Standardisierung in der Auswertung der Befunde. Es handelt sich also im Wesentlichen um gesprächsbegleitende Strukturierungshilfen für Sie und die Gutachter.

Die Gutachter verschaffen sich damit und mit Ihren Akten einen ersten Eindruck, noch bevor sie Sie persönlich kennen gelernt haben.

Beim Gespräch liegen in der Regel die Fragebögen mit Angaben zu Ihrer Biografie und zu Ihrer derzeitigen Lebenssituation sowie zum aktuellen und vergangenen Deliktverhalten vor. Die Angaben werden im Untersuchungsgespräch berücksichtigt.

Die Fragebögen sind nicht standardisiert, sondern jede Untersuchungsstelle entwickelt ihre eigenen Formulare. Sinngemäß wird im Wesentlichen das Gleiche abgefragt. Wir unterscheiden unterschiedliche Fragestellungen für die Ärzte und für die Psychologen. Außerdem sind die Fragen anlassbezogen unterschiedlich.

Ein Fragebogen zur persönlichen Situation enthält Angaben zur Biografie und derzeitigen Lebenssituation.

Der Fragebogen zum Drogen-/Alkoholkonsum verlangt Angaben zum eigenen Konsumverhalten. Gefragt wird nach den aktuellen und früheren Konsumgewohnheiten, zur Selbsteinschätzung der eigenen Drogen-/Alkoholgefährdung, nach Folgeproblemen des Konsums und zur Motivation bezüglich einer gegebenenfalls bestehenden Drogen-/Alkoholabstinenz.

Manchmal können Sie die Fragebögen zu Hause in Ruhe ausfüllen, manchmal muss der Fragebogen vor Ort ausgefüllt werden. Dann ist es wichtig, dass Sie die exakten Daten auswendig gelernt haben. Oder Sie halten einen Pfuschzettel bereit, auf dem die wichtigsten Daten oder z.B. die Namen der Medikamente notiert sind.

Ob Sie beim Ausfüllen der Fragebögen lügen dürfen? Klar, grundsätzlich dürfen Sie auch die Unwahrheit sagen. Das sollten Sie sich aber gut überlegen. Wer wegen falscher oder widersprüchlicher Aussagen auffällt, hat es schwer, einen glaubwürdigen Eindruck zu hinterlassen und das ist schließlich Voraussetzung für eine positive Prognose.

Sie sollten die Fragebögen sorgfältig ausfüllen, denn die gleichen Themen kommen im psychologischen Untersuchungsgespräch ebenfalls zur Sprache. Sie müssen unbedingt vermeiden, dass Ihre schriftlichen Aussagen zum Inhalt des Gesprächs im Widerspruch stehen.

Das Hauptverfahren

Das Vorverfahren umfasste die Zeit vom Delikt bis zur Mitteilung der Begutachtungsstelle, wann Sie zum Termin erscheinen sollen. Das jetzt folgende Hauptverfahren beschränkt sich auf die Geschehnisse am Tag der Begutachtung. Dabei gehen wir davon aus, dass die Fragebögen bereits vorher ausgefüllt worden sind.

6. Die verkehrsmedizinische Untersuchung

Am Anfang steht die verkehrsmedizinische Untersuchung durch einen Allgemeinarzt. Der kennt natürlich Ihre Akten und führt die anamnestische Befragung zum allgemeinen Gesundheitszustand durch. Sie dient der Abklärung des möglichen Einflusses fahreignungsrelevanter Erkrankungen. Es findet keine weiterreichende körperliche Untersuchung statt; die beschränkt sich vielmehr in der Regel auf die Überprüfung der Herzfunktion. Das ärztliche Untersuchungsgespräch orientiert sich an den Angaben, die Sie im Fragebogen zur Gesundheit gemacht haben.

Wenn Sie seit Ihrer Kindheit behindert sind und die Behinderung (z.B. einen verkrüppelten Arm) schon bei der Führerscheinprüfung hatten, ist das meistens aktenkundig und kann (und muss!) angegeben werden. Etwas ganz anderes ist, ob Sie eine derzeitige „depres-

sive Episode“ angeben sollen, denn das könnte ein weiterer Hinderungsgrund zur Rückerlangung des Führerscheins werden.
Wenn nach dem Grad der Behinderung in Prozent gefragt wird, so ist hier der Grad der Behinderung (GdB) anzugeben, wenn Ihnen das Versorgungsamt eine oder mehrere Behinderungen anerkannt hat.

Wenn Sie nach durchgemachten Krankheiten gefragt werden, sollten Sie nur die wirklich schweren Erkrankungen nennen. Denn je gesünder Sie sind, desto unproblematischer ist die medizinische Beurteilung.

Werden Sie gefragt, ob Sie mit Chemikalien oder unter gesundheitsbelastenden Umständen arbeiten, könnte Hintergrund für diese Frage die Klärung sein, ob Sie leberbelastenden Giftstoffen ausgesetzt sind.

Wenn Sie gefragt werden, wann Sie zuletzt in ärztlicher Behandlung waren, so sollten Sie sich an den genauen Termin erinnern.

Wenn Sie gefragt werden, welche Medikamente Sie regelmäßig einnehmen oder bis vor kurzem noch eingenommen haben, so sollten Sie den lateinischen Namen der Medikamente und die tägliche Dosis kennen.

Wenn gefragt wird, ob Ihre Leberwerte erhöht sind, so ist das die Gelegenheit, auf medizinische oder berufliche Gründe hinzuweisen, die erhöhte Leberwerte erklären. Manchmal wird direkt eine Blutprobe genommen und sofort ausgewertet, so dass dann Ihre aktuellen Leberwerte vorliegen.

7. Die Leistungstests

Im zweiten Schritt werden Sie vor einen Computer und eine Tastatur mit farbigen Tasten gesetzt. Die Leistungstests am PC sind zu einem zentralen Bestandteil von MPU-Prüfungen geworden, die die Fähigkeiten von Menschen in Bereichen wie Belastbarkeit, Orientierung, Konzentration, Aufmerksamkeit und Reaktionsgeschwindigkeit testen. Diese Tests werden immer wichtiger und spielen auch in den Gutachten eine immer größere Rolle. Die Auswertung dieser Tests erfolgt durch ein Computerprogramm. Dabei ist es meiner Meinung nach wichtig zu beachten, dass die Verantwortung für die Entscheidung letztendlich bei dem Testanwender liegen sollte. Aber ich vermute, dass die Auswertung durch ein Computerprogramm von der eigenen Verpflichtung zu entscheiden entbindet. Deshalb werden die Ergebnisse der Tests in den Gutachten immer ausführlicher besprochen, und die Textbausteine dazu werden immer länger.

Vor Beginn des Tests muss der Proband über den Zweck und den Ablauf der Prozedur informiert werden. Es wird nach aktuellen Krankheiten, Einschränkungen wie Medikamenten-, Drogen- oder Alkoholeinfluss sowie Ermüdung gefragt. Externe Störquellen wie Handys oder Büro-Lärm müssen ausgeschaltet werden. Die Testumgebung soll angenehm sein und sogar die Anpassung der Sitzhöhe soll berücksichtigt werden.

Wenn ein Prüfling mit den Tests nicht zurechtkommt, dann erfolgt die Reaktion des Psychologen prompt: „In dem Test zur Überprüfung der Reaktionsschnelligkeit und Belastbarkeit (DT/S1) zeigte sich ein unzureichendes Reaktionsvermögen. Ebenso ist das Verfahren zur Überprüfung der Orientierungsfähigkeit unterdurchschnittlich ausgefallen und im Konzentrations- und Aufmerksamkeitstest erzielte Herr XX ein nicht verwertbares Resultat. Somit lieferten die

Testbefunde durchweg Hinweise auf Leistungseinschränkungen, die das sichere Führen eines Kraftfahrzeugs in Frage stellen."

Wenn Sie die Mindestnormen nicht erreichen, weil Sie vielleicht eine Computerscheu haben, so ist noch nicht alles verloren. Sie können bei einer Testfahrt zeigen, wie Sie Schwächen in den wissenschaftlichen Tests durch langjährige Erfahrung im Verkehr ausgleichen. Das ist die sogenannte psychologische Fahrverhaltensbeobachtung, die weiter unten ausführlicher besprochen wird.

Und die gute Nachricht: Von gut unterrichteten Kreisen haben wir erfahren, dass bei der psychologischen Fahrverhaltensbeobachtung (FVB) kaum jemand durchfällt. (Prof. Dr. Fastenmeier: Den meisten Personen, bei denen im Test Leistungsmängel festgestellt wurden, gelingt es im Rahmen einer FVB zu zeigen, dass sie diese Leistungsmängel kompensieren können.) Es könnte auch daran liegen, dass sich einige Fahrschulen auf diese Prüfung spezialisiert haben und ihre Kunden gut vorbereiten.

8. Die Fragestunde beim Psychologen

Das psychologische Untersuchungsgespräch ist der wichtigste Teil der Begutachtung, denn es ist die zentrale Methode der Datengewinnung. Zu Beginn werden Ihnen der Sinn, die Ziele und die Inhalte des Gesprächs erklärt, einschließlich der Fragen der Behörde und der dahinterstehenden Annahmen. Dann haben Sie die Möglichkeit, Ihre Vorgeschichte, Ihre gegenwärtige Situation und Zukunftspläne zu beschreiben. Die Angaben werden während des Gesprächs schriftlich aufgezeichnet und durch Rückfragen und Rückmeldungen über gutachterliche Schlussfolgerungen abgesichert. Am Ende des Gesprächs erfolgen eine individuelle Ergebnismitteilung und Hinweise zur weiteren Vorgehensweise. Die Dauer des Gesprächs wird festgehalten. Es dauert selten länger als 90 Minuten.

Die Aktenanalyse ist für den Psychologen wichtig, da sie Hinweise auf den Grad der Defizite des Klienten gibt. Während des Termins versucht der Psychologe, durch Fragen weitere Informationen zu sammeln und nutzt dabei verschiedene Fragetechniken. Problembewusstsein und Ursachenanalyse sind wichtige Voraussetzungen für eine nachhaltige Verhaltensänderung. Der Psychologe muss beurteilen, ob sich das Verhalten und die Einstellungen des Klienten geändert haben, ob Motivation und Stabilität vorliegen und ob die Aussagen widerspruchsfrei und korrekt sind. Antworten wie „Ich kann mich nicht erinnern“ gelten nicht. Durch die Kombination von verbalen und nonverbalen Rückmeldungen bildet sich der Psychologe ein Urteil und entscheidet, ob der Führerschein zurückgegeben werden soll oder nicht.

Beachten Sie folgendes:

Wenn Sie eine Frage beantworten, erzählen Sie auch immer etwas über sich.

Beispiel: Wenn Sie gefragt werden, seit wann Sie im Besitz eines Führerscheines sind, so wird nicht nur nach der Verkehrserfahrung gefragt, sondern am Antwortverhalten wird erkennbar, wie sehr Sie sich mit der jetzt abzuhandelnden Problematik befasst haben. Also bitte nicht zu lange überlegen!

Frage: Wie viele Kilometer haben Sie in den letzten zwölf Monaten vor dem Führerscheinentzug etwa zurückgelegt?

Auch hier wird nicht nur nach der Verkehrserfahrung gefragt, sondern am Antwortverhalten wird abgelesen, wie sehr Sie in die Problematik eingestiegen sind. Warum sonst wird im (negativen) Gutachten festgehalten: „Nachvollziehbare Angaben zur Fahrleistung waren ihm nicht möglich".

Achtung: Wer hier argumentiert, weil ich so viel fahre, ist die Chance, erwischt zu werden, auch viel größer als bei einem Sonntagsfahrer, hat wohl schon verloren. Denn wer viel fährt, gefährdet seine Mitmenschen auch mehr als der Sonntagsfahrer, der nur sonntags mit seinem Auto unterwegs ist.

Frage: Wie viele Punkte haben Sie denn?

Hier ist eine genaue Antwort, wie aus der Pistole geschossen, vorteilhaft. Ich zeige damit, dass die konkreten Verkehrsdelikte und die Strafen für mich wichtig geworden sind.

Frage: Sind Sie verheiratet und haben Sie Kinder?

Ein stabiler Familienstand wird immer positiv bewertet. Anstatt einer Familie kann es auch die Freundin sein, wichtig ist eine feste Bindung - auch nach der Scheidung. Sie sollen keine Märchen erzählen, aber Sie können Ihre Geschichte so darstellen, dass ein Außenstehender Fortschritte in Richtung suchtfreies Leben erkennt: Meine Familie unterstützt mich, es gibt in unserem Haushalt keinen Alkohol mehr.

Frage: Wie beurteilten Sie Ihre gegenwärtige Lebenssituation?

Immer positiv denken! Ihre Geschichte könnte so aussehen, dass Sie aus tiefer Verzweiflung (z.B. Alkoholismus) aufgetaucht sind und beginnen, sich zurecht zu finden. Job in Aussicht, Beziehung stabil.

9. Die fünf Kardinalfehler

Vermeiden Sie unbedingt die folgenden Gesprächsstrategien:

Kardinalfehler 1: Drei Gläschen …
Machen Sie bloß keine Bagatellisierungsversuche, wenn Sie Ihr verkehrsrechtliches Fehlverhalten erklären. Sonst ergeben sich erhebliche Zweifel an Ihrer Glaubwürdigkeit.

Sätze wie: „Höchstens mal ein Fläschchen oder zwei bis drei Schnäpschen“ oder „Ich hatte das Handy nur in der Hand“ sind tödlich und dürfen unter keinen Umständen verwendet werden!!!!!!!.

Sonst steht im Gutachten:
„Bei den Äußerungen von Frau X. bei der psychologischen Exploration waren Bagatellisierungstendenzen feststellbar. Auch hieraus ergeben sich Zweifel an einer hinreichend tiefergehenden Auseinandersetzung der Begutachteten mit ihrer Vorgeschichte und der entsprechenden Hintergrundproblematik.“

Kardinalfehler 2: Die junge Richterin ...
Wenn Sie von „Bullen“ und der „jungen Richterin“ sprechen, so lässt das Ihre Geringschätzigkeit gegenüber staatlicher Autoritäten erkennen und ist ein Indiz für Ihre Uneinsichtigkeit. Auch wem die Missachtung von Verkehrsregeln und die damit verbundene Strafe gleichgültig ist, der lässt ein unangepasstes soziales Verhalten erkennen.

Kardinalfehler 3: Ich Pechvogel ...
Das Pechvogelsyndrom ist ein Indiz für eigene Kritiklosigkeit.

Kardinalfehler 4: Der böse Chef ...
Wer die Schuld auf andere zu schieben versucht (ich wollte vom Chef nicht angeschissen werden, weil ich wieder so lange weg war), beweist seine Unreife, seine mangelnde Auseinandersetzung mit seiner Vorgeschichte und der entsprechenden Hintergrundproblematik.

Kardinalfehler 5: Die Sonne hat mich geblendet...
Wer die Schuld auf äußere Umstände zu schieben versucht (die Sonne hat mich geblendet), beweist ebenfalls seine Unreife, seine mangelnde Auseinandersetzung mit seiner Vorgeschichte und der entsprechenden Hintergrundproblematik.

10. Die Kosten des Verfahrens

Der neue Führerschein kostet viel Geld, und das müssen Sie bezahlen.
Wie setzen sich die Kosten zusammen? Kosten entstehen bei den Gebühren für die MPU, außerdem kommen hohe Beträge bei den sogenannten freiwilligen Leistungen dazu.

Leider kann man nicht mehr verbindlich vorhersagen, welche Gesamtkosten entstehen. Denn die MPU-Gebühren werden inzwischen frei festgesetzt.

Die Kosten des MPU-Gutachtens einer amtlich anerkannten Begutachtungsstelle für Fahreignung waren bis 2018 bundesweit einheitlich in der Gebührenordnung für Maßnahmen im Straßenverkehr (GebOSt) festgelegt. Sie begannen bei 204,00 Euro und richteten sich nach den Fragen, die die Fahrerlaubnisbehörde stellte.

Die gesetzliche Regelung ist seit dem 1.8.18 aufgehoben. Folglich können die Begutachtungsstellen für Fahreignung ihre Gebühren seither selbst bestimmen. Das hat wohl inzwischen zu einem regelrechten Wettbewerb bei den MPU-Preisen geführt. Preise für vergleichbare Leistungen können je nach Begutachtungsstelle um mehr als hundert Euro variieren. Doch auch wenn sich die aktuellen Gebühren erhöht haben, die alten Werte können noch zur Orientierung dienen.

Alkohol	Ab 400 €
Andere Drogen	Ab 550 €
Punkte	Ab 350 €

Deshalb sollten Sie sich zunächst über die Kosten einer MPU informieren. Bevor Sie eine Begutachtungsstelle auswählen, sollten Sie also vorher nachfragen, welche Kosten anfallen.

Eine Haaranalyse kostet bei der Prüfung auf Alkohol etwa 150 €, bei anderen Drogen bis zu 300 €. Eine Urinanalyse auf Alkohol kostet zwischen 50 und 150 €.

<u>Achtung!</u> Sie brauchen mehrere!

Nach der MPU-Prüfung wird häufig noch ein Kurs zur Wiederherstellung der Kraftfahreignung nach § 70 FeV gefordert. Die Kurse erstrecken sich über drei bis sechs Wochen und umfassen drei bis sechs Sitzungen à drei Zeitstunden. Die Kosten liegen bei ca. 600 €. Wer seinen Führerschein neu beantragen muss, braucht einen Führerschein-Antrag (gibt es bei der Behörde), ein neues Passfoto, einen aktuellen Sehtest vom Optiker oder Augenarzt sowie die aktuelle Bescheinigung eines Erste-Hilfe-Kurses. Sehtest, Passfoto und Erste Hilfe kosten rund 100 Euro.

Schließlich kommen noch Schreib- und Kopierkosten sowie Portokosten hinzu.

Zu den freiwilligen Leistungen zähle ich folgende:

- » Anwalt ca. 300 €
- » Erstgespräch mit dem Verkehrspsychologen 120 €, danach zwischen 80 € und 150 € pro Stunde.
- » Gruppenkurse als Vorbereitungskurse 500 € bis 600 €
- » Eventuell ein gutes Lernprogramm ca. 200 €.

Aber am meisten sparen Sie, wenn Sie die Prüfung direkt bestehen, andernfalls muss das Ganze nämlich noch einmal bezahlt werden.

Der Praxisteil

Der folgende Teil ist der Lernbereich. Er besteht aus fünf Abschnitten:

- » Allgemeine Fragen und Fragen zu den Problemkreisen Alkohol, Drogen, Punkte und Straftaten mit oder ohne Verkehrsbezug.
- » Bei jeder Frage müssen Sie mit folgenden Rückfragen rechnen:
- » Wie ging es Ihnen damit?
- » Was ist Ihnen durch den Kopf gegangen?
- » Was haben Sie getan und wie hat sich das ausgewirkt?

A: Allgemeine Fragen

Mit den folgenden Fragen sollten Sie sich schon vor dem Prüfungstermin befassen. Jetzt haben Sie genügend Zeit, über Veränderungen und Pläne nachzudenken und diese Gedanken auch laut auszuformulieren. Je öfter Sie von sich erzählen, desto leichter wird es Ihnen fallen, zu schildern, was Sie bewegt hat und was Sie heute bewegt. Der Psychologe kann nicht in Ihre Seele schauen, er kann nur über ihre Aussagen auf Ihre Verhaltensänderung schließen! Die Fragen zwingen Sie zur Konfrontation mit sich selbst. Das ist hart, aber der Königsweg zum Erfolg!

Alle nachfolgenden Fragen kommen aus MPU-Gutachten. Sie sind also alle schon einmal in einem Termin gestellt worden. Auch die hier aufgeführten Antworten kommen aus den Gutachten und sind

Beispiele, wie man antworten soll oder nicht. Im Termin werden Sie die Fragen schon kennen, wenn Sie sich gut vorbereitet haben. Geben Sie keine auswendig gelernten Antworten, sondern berichten Sie von den Erlebnissen und Erkenntnissen gemäß Ihrer Story aus Ihrer ureigenen Erfahrung.

FRAGE: Welche Daten sollten Sie bei dem Gespräch auswendig wissen?

ANTWORT: Auswendig kennen sollten Sie die exakten Daten Ihrer relevanten Lebensgeschichte.
Wann haben Sie den Führerschein gemacht?
Seit wann sind Sie ohne Führerschein?
Wie viele Punkte haben Sie?
Außerdem benötigen Sie die Namen der Medikamente, der behandelnden Ärzte, etc.
Notfalls halten Sie einen Notizzettel bereit, auf dem das Wichtigste notiert ist.

KOMMENTAR: *Wenn Sie diese Daten präsent haben, zeigen Sie dem Psychologen, dass Sie sich vorbereitet haben, dass Sie die Sache ernst nehmen und dass Sie nach besten Kräften kooperieren wollen.*

***

FRAGE Dürfen Sie lügen?

ANTWORT: Klar, grundsätzlich dürfen Sie auch die Unwahrheit sagen.

KOMMENTAR: *Das sollten Sie sich aber gut überlegen. Wer wegen falscher oder widersprüchlicher Aussagen auffällt, hat es schwer,* *dann noch einen glaubwürdigen Eindruck zu hinterlassen und das ist schließlich Voraussetzung für eine positive Prognose.*

Erfolgreich war folgender Dialog: Gutachter: „Haben Sie eine psychologische Maßnahme in Anspruch genommen?" „Ja." Was haben Sie da gelernt? „Ich habe gelernt, dass ich nicht lügen soll, dass ich meine Fehler eingestehen soll, dass ich korrekt sein muss. Mir sind meine Fehler bewusstgeworden. Ich habe mein Verhalten reflektiert."

***

FRAGE: Wenn der Gutachter schreibt: Der Klient nahm zu den Auffälligkeiten nur knapp und zurückhaltend Stellung. Es fiel dabei eine bagatellisierende und schuldabweisende Darstellung der aktenkundigen Vorfälle und Fehlverhaltensweisen auf. Was hat der Klient da falsch gemacht und was machen Sie besser?

ANTWORT: Sie werden Einsicht in die (eigene) Problematik und ihre Bedingungen zeigen. Tatsächliche Einsicht geht über pauschale Schuldeingeständnisse hinaus und bedarf einer weiterführenden Auseinandersetzung mit bisherigem Fehlverhalten.

Aber bitte keine Erklärungen wie:
Ich möchte Ihnen beweisen, dass das falsch war, was ich gemacht habe und Ihnen beweisen, dass ich das besser machen werde. Oder: Der Führerschein wurde mir auch zu Recht genommen, weil ich einen Fehler gemacht habe, das war Unachtsamkeit. Oder:
Heute würde ich gleich von Anfang an erkennen, ob jemand gut oder schlecht ist und mich von jeglicher Negativität fernhalten.

KOMMENTAR: *Mit einem pauschalen Schuldeingeständnis würgen Sie den Prozess ab, sich intensiv mit den Ursachen und auslösenden*

Faktoren Ihres Verhaltens auseinanderzusetzen. Die so bekundete Einsicht und Schuldanerkennung muss als unzureichend angesehen werden, um die sich aus der Vorgeschichte ergebenden Bedenken zu entkräften.

***

FRAGE: Beschreiben Sie Ihre Veränderungsstrategie in 4 Schritten!

ANTWORT:
1. Einsicht in die eigene Problematik
2. Wesentliche Veränderung in der Lebensführung
3. Vorsätze für das zukünftige Verhalten
4. Schutz vor Rückfallgefahr

KOMMENTAR: *Diese vier Schritte sollten das Grundgerüst Ihrer Story bilden.*

***

FRAGE: Wie setzen Sie sich mit Ihrem eigenen Verhalten auseinander?
Am Anfang steht die Einsicht in die eigene Problematik. Das ist sehr schwer und hier kann ein Verkehrspsychologe echte Hilfestellung leisten. Es fällt jedem schwer, sich eigene Fehler einzugestehen. Wir wollen immer, dass andere uns in einem positiven Licht sehen und wir wollen selbst auch ein positives Bild von uns haben.

ANTWORT: Ist es vielleicht mangelndes Selbstbewusstsein, das Sie zum Mitläufer in der Gruppe macht, der Sie zugehören wollen? Vielleicht haben Sie mit der Schule schlechte Erfahrungen gemacht, weil Sie oft geschwänzt haben und sitzen geblieben sind? Lag es an der Familie? Ist deshalb das gemeinsame Trinken oder das Ziehen am Joint oder das Posen mit dem Auto das Ritual der Zugehörigkeit, der tiefen Freundschaft?

KOMMENTAR: *Sie müssen unbedingt akzeptieren, dass die Fehler bei Ihnen liegen. Ihr Verhalten lässt sich nicht damit erklären, dass es kurz vorher Streit mit der Frau gab. Als Erklärung genügt auch nicht, dass Sie sauer waren, weil Sie etwas vergessen hatten. Prüfen Sie, was der tiefere Grund für Ihr Verhalten war. Das Ergebnis werden Sie dem Psychologen präsentieren müssen.*

***

FRAGE: Müssen Sie jetzt Psychologe werden, müssen Sie jetzt mit Begriffen wie Aggression, Impulsivität, Peergroup und Narzissmus umgehen?

ANTWORT: Natürlich nicht! Sie sollen nur die wahrscheinliche Ursache für Ihr Fehlverhalten benennen und beschreiben können.

KOMMENTAR: *Im Übrigen ist auch dem Psychologen eine seriöse Diagnosestellung an nur einem Zwei-Stunden-Termin nicht möglich, häufig wäre zusätzlich eine Befragung von Verwandten und Bekannten erforderlich. Daher übernimmt der Sachverständige gern die Diagnose des Verkehrspsychologen, sofern Sie mit einem gearbeitet haben!*

***

FRAGE: Welcher Schritt folgt nach der Aufarbeitung der Problematik?

ANTWORT: Die Veränderung in der Lebensführung. Sie müssen eine wesentliche Veränderung in Ihrer Lebensführung eingeleitet haben. Beziehung, Freundeskreis, Familie, Arbeit, alles ist wichtig.

***

FRAGE: Welche Ziele haben Sie?

ANTWORT: Ein akzeptiertes Beispiel aus einem Gutachten: Er wolle ein gutes Leben für seine Kinder, dass sie einen guten Beruf finden, er wolle auch, dass er eine passende Arbeit findet und mit seiner Partnerin zusammenbleibt.

Ein weiteres Beispiel: Er fühle sich wieder gut, er schaue in die Zukunft. Die Tätigkeit bei ZZ gefalle ihm gut. Er wolle dortbleiben. Er könne wohl von der Teilzeitstelle in eine Vollzeitstelle wechseln, dann könne er sich auch eine Wohnung leisten.

KOMMENTAR: *Hier können Sie wieder etwas für Ihre Story tun. Überlegen Sie sich plausible optimistische Zukunftspläne.*

***

FRAGE: Welche Vorsätze für Ihr zukünftiges Verhalten haben Sie gefasst?

ANTWORT: Es genügt nicht, dass Sie sich vom Alkohol lösen wollen. Sie müssen das auch noch gern tun! Sie müssen sich mit dem neuen Ziel identifizieren. Sie müssen die neuen Verhaltensweisen, die Regeln und Gesetze zu Ihren machen, als eigene Werte anerkennen und gut finden. Dieser neue Geist strahlt aus, ihre innere Freude wird von außen erlebt und nachvollzogen.

KOMMENTAR: *Vorsätze für das zukünftige Verhalten sind ein wichtiger Baustein in Ihrer Story.*

***

FRAGE: Welche besonderen Freizeitinteressen pflegen Sie?

ANTWORT: Berichten Sie ausführlich!

KOMMENTAR: *Spätestens jetzt müssen Sie sich ein Hobby zugelegt haben! (Gut für Ihre Story). Mitarbeit in einem Verein ist immer gut, Sport auch.*

***

FRAGE: Sehen Sie eine Rückfallgefahr?

ANTWORT: Das müssen Sie unbedingt verneinen.

KOMMENTAR: *Nur wenn der Gutachter sicher ist, dass zukünftig mit großer Wahrscheinlichkeit nicht mit einer erneuten Auffälligkeit zu rechnen ist, kann er eine günstige Prognose stellen.*

***

FRAGE: Soll ich über einen beruflichen Misserfolg reden, der mich gerade belastet?

ANTWORT: Durchaus, es erhöht die Glaubwürdigkeit; denn wer gibt gern zu, dass er nicht erfolgreich war.

Beispiel aus einem Gutachten: Ich mache in einer Abendschule die Ausbildung zum Heilpraktiker für Psychotherapie. Ich habe im März die schriftliche Prüfung bestanden. Die mündliche Prüfung habe ich leider nicht bestanden und muss sie deshalb noch mal wiederholen.

Reaktion des Psychologen: Der Klient äußert sich auch zu Themen, die er selber als emotional belastend empfindet. Ein Pluspunkt!

***

FRAGE: Häufig beginnt das psychologische Gespräch mit der Frage:
Was möchten Sie bei der heutigen Untersuchung deutlich machen?
Oder: **Warum sind Sie heute hier?**

ANTWORT: Ich habe mich gegenüber früher geändert und möchte das hier und heute erklären.

Oder folgende Erklärung: „Ich habe mein Verhalten deutlich geändert, mein heutiges Leben ist anders als vor zwei Jahren. Bin stabiler geworden, durch Veränderungen im Bereich Familie und Beruf. Gerade auch das Trinken, das zu dem Dilemma geführt hat, habe ich abgelegt. Ich bin auch durchsetzungsfreudiger als früher, damit ich weiterhin auf Alkohol verzichten kann."

KOMMENTAR: *Wer jetzt antwortet, ich lasse das Gespräch auf mich zukommen, startet schlecht. Denn erwartet wird ein aufgeschlossener, zugewandter und gesprächsbereiter Klient.*

***

FRAGE: Seit wann sind Sie im Besitz eines Führerscheines?

ANTWORT: Auf diese Frage sollte jeder vorbereitet sein und sie flüssig beantworten.

KOMMENTAR: *Hier wird nach der Verkehrserfahrung gefragt, aber am Antwortverhalten wird auch erkennbar, wie sehr Sie sich mit der jetzt abzuhandelnden Problematik befasst haben. Also bitte nicht zu lange überlegen!*

***

FRAGE: Wie viele Kilometer haben Sie insgesamt aktiv am Straßenverkehr teilgenommen?

ANTWORT: Ihre Antwort ist nicht überprüfbar.

KOMMENTAR: *Auch hier wird nicht nur nach der Verkehrserfahrung gefragt, sondern am Antwortverhalten wird abgelesen, wie sehr Sie in die Problematik eingestiegen sind. Warum sonst wird im (negativen) Gutachten festgehalten: „Nachvollziehbare Angaben zur Fahrleistung waren ihm nicht möglich".*

***

FRAGE: Wann sind Sie zum ersten Mal negativ im Straßenverkehr aufgefallen?

ANTWORT: Geben Sie eine genaue Antwort; der Psychologe kennt sie schon aus den Akten.

KOMMENTAR: *Auch hier sollten die Daten präsent sein, als Zeichen dafür, dass Sie sich mit der Problematik auseinandergesetzt haben. Damit bringen Sie auch zum Ausdruck, dass Sie Ihre Charakterschwächen deutlich erkannt und eine persönliche Vermeidungsstrategie entwickelt haben.*

B: Fragen zum Problem Alkohol

FRAGE: Was will der Psychologe im Zusammenhang mit der Alkoholproblematik von Ihnen wissen?

ANTWORT: Er will wissen, ob von Ihnen zu erwarten ist, dass Sie in Zukunft nicht mehr ein Kraftfahrzeug unter Einfluss von Alkohol führen werden.

KOMMENTAR: *Der Gutachter muss auch anhand Ihrer Aussage den Schweregrad der Alkoholabhängigkeit erfassen. Er will wissen, ob bei Ihnen Alkoholabhängigkeit vorliegt, massiver Alkoholmissbrauch mit Kontrollverlusten oder nur ein leichterer Missbrauch. Symptome sind Ihr Trinkverhalten, körperliche Entzugssymptome, Alkoholkonsum zur Vermeidung von Entzugssymptomen, psychische Entzugssymptome (Verlangen) etc.*

***

FRAGE: Welche konkrete Bedeutung hat die Unterscheidung zwischen Alkoholabhängigkeit und Missbrauch für Sie?

ANTWORT: Entscheidet der Psychologe, dass eine Alkoholabhängigkeit vorgelegen hat, dann wird er Ihre zukünftige Eignung als Verkehrsteilnehmer nur bejahen, wenn eine (stationäre) Entwöhnungsbehandlung vorliegt und wenn nach einer Entgiftungs- und Entwöhnungszeit ein Jahr Abstinenz nachgewiesen wird.

Meint er, bei Ihnen habe „nur“ Missbrauch vorgelegen, kommt es darauf an, ob er eine gefestigte Änderung des Trinkverhaltens erkennt. Dann können schon sechs Monate Abstinenz genügen (das ist die Praxis; so auch 3.13.1 b der Begutachtungsleitlinien).

FRAGE: Können Sie die Zweifel der Behörde an Ihrer Fahreignung nachvollziehen?

ANTWORT: Das sollte man unbedingt bejahen.

KOMMENTAR: *Bedingung für eine günstige Prognose ist Einsicht, Änderung der problematischen Verhaltensweisen und zukünftige Stabilität des neuen Verhaltens.*

***

FRAGE: Was glauben Sie, warum hat die Behörde Bedenken an Ihrer Eignung zum Führen von Kraftfahrzeugen?

ANTWORT: Sagen Sie die brutale Wahrheit: Weil ich ein Problem mit Alkohol hatte!

KOMMENTAR: *Bitte sagen Sie nicht: „Weil ich einen Riesenfehler gemacht habe und einmal unter Alkohol gefahren bin." Das glaubt Ihnen keiner, dass das ein einmaliger Fehler war, dass Sie nur einmal mit 1,6 Promille gefahren sind.*

***

FRAGE: Der Psychologe fordert Sie auf: „Schildern Sie Ihre Deliktvorgeschichte!"

ANTWORT: Berichten Sie so genau wie möglich über jedes Delikt. Erklären Sie die Ursachen und näheren Umstände der Verkehrsauffälligkeiten. Deshalb sollten Sie genau wissen, was wann passiert ist, und den jeweiligen Vorfall sachlich darstellen und nicht bagatellisieren:

10.07.2019: Überholen im Verbot.
13.07.2019: Geschwindigkeitsübertretung von 33 km/h.
24.11.2019: Überholen im Verbot.
05.02.2020: Geschwindigkeitsübertretung von 35 km/h.
13.04.2020: Unerlaubtes Entfernen vom Unfallort.
13.04.2022: Fahrlässige Trunkenheit (gegen 06:15 Uhr, BAK 1,68 Promille).

KOMMENTAR: *Der Umfang Ihrer Untaten ist dem Psychologen aus den Akten bekannt. Er will alles noch einmal von Ihnen hören, weil er aus Ihrer Erzählweise Rückschlüsse ziehen kann.*

***

FRAGE: Der Psychologe befragt Sie zu Ihren früheren Trinkgewohnheiten.

ANTWORT: Sprechen Sie wahrheitsgemäß über Ihre früheren Trinkgewohnheiten?

KOMMENTAR: *Der Psychologe wird es würdigen: Der Klient ist zu einer selbstkritischen Betrachtung seines Verhaltens in der Lage und macht sich selbst nichts vor.*

<u>Aber:</u> Verneinen Sie Kontrollverluste. Wenn sie eingeräumt werden, muss von einer Alkoholabhängigkeit ausgegangen werden.

***

FRAGE: Gab es negative Konsequenzen durch den Alkoholkonsum?

ANTWORT: Bestimmt gab es alkoholbedingt Ehekrach, Scheidung, Abmahnung, Kündigung oder Wohnungsverlust.

Vielleicht waren Sie unzuverlässig, ungepflegt und hatten Probleme in der Familie, mit dem Arbeitgeber und dem Freundeskreis.

***

FRAGE: Sind aufgrund des Alkoholkonsums Filmrisse aufgetreten, d.h. ist es nach übermäßigem Alkoholkonsum dazu gekommen, dass Ihnen Teile des Abends/ Tages an dem Sie übermäßig getrunken haben, in der Erinnerung fehlen?

ANTWORT: Filmrisse sind gefährlich. Wenn sie bejaht werden, muss von einer Alkoholabhängigkeit ausgegangen werden.

KOMMENTAR: *Dann wird Ihre zukünftige Eignung als Verkehrsteilnehmer nur bejaht werden, wenn eine (stationäre) Entwöhnungsbehandlung vorliegt und wenn nach einer Entgiftungs- und Entwöhnungszeit ein Jahr Abstinenz nachgewiesen wird.*

***

FRAGE: Sind Sie auch sonst unter Alkoholeinfluss gefahren?

ANTWORT: Hier ist eine ehrliche Antwort sinnvoll: „Das ist leider öfter vorgekommen."

KOMMENTAR: *Die Psychologen gehen von einer hohen Dunkelziffer aus, weil die Kontrolldichte durch die Polizei gering ist und die Fahrweise gewöhnungsbedingt oft unauffällig bleibt.*

FRAGE: Wie kam es zur Trunkenheitsfahrt am …?

ANTWORT: Berichten Sie so ausführlich wie möglich.

KOMMENTAR: *Es ist unsinnig, den hohen Alkoholkonsum mit einer bestimmten Situation zu erklären. Es ist absolut ungewöhnlich, dass man einen Freund trifft und sich dabei eine BAK von 1,6 Promille antrinkt. Auch die Höhe der festgestellten Blutalkoholkonzentration stellt einen objektiven Hinweis auf eine Alkoholgewöhnung mit Toleranzsteigerung dar. Wer so argumentiert, zeigt ein bestimmtes Verständnis im Umgang mit dem Alkohol, das von Seiten des Gutachters einen noch bestehenden deutlichen Risikofaktor erkennen lässt.*

Eine Trunkenheitsfahrt muss als durch eigene Einstellungsdefizite bedingtes Fehlverhalten und nicht als Produkt von irgendwelchen Zufälligkeiten erkannt werden!!!

***

FRAGE: Was haben Sie konkret getrunken?

ANTWORT: Hier wird eine klare Aussage erwartet. 16 Kölsch und vier Jägermeister klingt besser als „Ich meine, fünf oder sechs müssten es gewesen sein, oder mehr?“ Damit fällt auf, dass der Untersuchte nicht in der Lage ist, sein früheres Trinkverhalten realistisch darzustellen.

KOMMENTAR: *Die Aussagen zum früheren Alkoholkonsum dürfen auf keinen Fall bagatellisiert werden, denn Voraussetzung für eine angemessene Verhaltensänderung ist eine realistische Selbsteinschätzung der Alkoholproblematik.*

FRAGE: Wie haben Sie sich bei der Trunkenheitsfahrt gefühlt, und können Sie sich erinnern, welche Strecke Sie gefahren sind?

ANTWORT: Am besten ist es, ehrlich zu berichten.

KOMMENTAR: *Allerdings sind die geschilderten Auswirkungen des Alkohols im Zusammenhang mit der Fahrzeugbenutzung für die Beurteilung der Alkoholgewöhnung bedeutsam, und die persönliche Schilderung lässt wiederum den Grad der grundsätzlichen Alkoholgewöhnung erkennen.*

***

FRAGE: Was passiert, wenn es Ihnen nicht gelingt, eine plausible Geschichte zu erzählen?

ANTWORT: Dann kommt die Formulierung, die das Aus für die Prüfung bedeutet:
„Es bestehen Widersprüche, die auf eine Verdeckung des tatsächlichen Ausmaßes des Alkoholkonsums schließen lassen. Ausmaß und Hintergrund der Alkoholproblematik bleiben also unklar. Der Klient vermochte die nicht nachvollziehbaren Angaben auch nicht aufzulösen, nachdem er ausdrücklich auf die Unvereinbarkeiten hingewiesen worden war...

Wir müssen davon ausgehen, dass bei dem Untersuchten ein bisher noch ungenügend bearbeitetes Alkoholproblem vorliegt und dass er noch nicht bereit ist, das Ausmaß seiner Alkoholproblematik zu akzeptieren. Die Neigung zu Exzessen und Kontrollverlusten kann noch nicht als genügend eingedämmt angesehen werden, so dass auch Trunkenheitsfahrten nicht unwahrscheinlich sind."

FRAGE: Wie bewerten Sie Ihr ehemaliges Trinkverhalten heute?

ANTWORT: Nachdenken und dann von einer Alkoholgefährdung durch unkontrolliertes Trinken ausgehen.

KOMMENTAR: *Notfalls Alkoholmissbrauch einräumen. Missbrauch liegt vor, wenn ein Bewerber oder Inhaber einer Fahrerlaubnis das Führen eines Kraftfahrzeuges und einen die Fahrsicherheit beeinträchtigenden Alkoholkonsum nicht hinreichend sicher trennen kann, ohne bereits alkoholabhängig zu sein.*

Wenn ich Alkoholabhängigkeit angebe und dafür Indizien wie Filmrisse und Kontrollverluste vorhanden sind, wird der Psychologe das gern aufgreifen. Er wird dann meine zukünftige Eignung als Verkehrsteilnehmer nur bejahen, wenn eine (stationäre) Entwöhnungsbehandlung vorliegt und wenn nach einer Entgiftungs- und Entwöhnungszeit ein Jahr Abstinenz nachgewiesen wird.

***

FRAGE: Wie erklären Sie sich, dass der Alkohol gerade auf Sie eine besondere Anziehungskraft ausgeübt hat?

ANTWORT: Ich war der Jüngste daheim, musste mich immer gegen die älteren Geschwister durchsetzen, war der Kleine, der nichts zu sagen hat. Musste mithalten mit den älteren Brüdern. Das war oft ein Thema, die Akzeptanz in Gruppen, da hatte ich einen hohen Bedarf, der aber häufig nicht erfüllt wurde.

***

FRAGE: Wie hat sich Ihr Trinkverhalten nach der Trunkenheits-

fahrt entwickelt?

ANTWORT: Gute Antwort: Inzwischen habe ich mich mit der Problematik auseinandergesetzt und weiß, dass ich alkoholkrank bin und daraus Konsequenzen ziehen muss. Deshalb habe ich für mich Strategien entwickelt, dass ich überhaupt nicht mehr trinken muss.

KOMMENTAR: *Es genügt nicht, seit einem Jahr trocken zu sein. Aufgrund des Delikts soll eine kritische Reflektion der eigenen Alkoholproblematik einsetzen. Unterbleibt sie, kann noch keine angemessene Einschätzung der Problematik angenommen werden. Eine ausreichende Veränderung wurde dann noch nicht eingeleitet. Durchgefallen!*

***

FRAGE: Wie sieht denn so eine Strategie genau aus?

ANTWORT: Beispiel: Besonders schwierig war es am Anfang, in der Gemeinschaft zu verzichten. Ich bin bei den Feiern häufig zum Mittrinken aufgefordert worden. Ich habe dann die ganze Vorgeschichte erzählen müssen, warum ich nicht mehr trinken darf und will. Das ist mir sehr schwer gefallen. Ich bin dann nicht mehr ganz so lange auf den Feiern gewesen. Wenn die anderen betrunken waren, dann habe ich mich schnell verabschiedet oder ich habe mich zu anderen Leuten gestellt, die nicht betrunken waren. Ich habe dann auch z. B. viel getanzt, das hat mir viel Spaß gemacht. Das klappt ohne Alkohol viel besser. (möglichst genaue Schilderung)

Beispiel am Arbeitsplatz: Wenn meine Kollegen am Nachmittag einen „sundowner“ trinken, hole ich meinen Orangensaft hervor. Das wird inzwischen akzeptiert und klappt ganz gut.

Beispiel: Ich habe zu Hause gar keinen Alkohol mehr.

***

FRAGE: Wie gehen Sie heute mit Alkohol um?

ANTWORT: Ich habe den Alkohol verbannt, führe ein ganz anderes Leben, habe mich befreit vom Drang. Ich weiß, dass ich gefährdet bin und bleibe. Passe daher auf, welche Veranstaltung ich besuche, meide solche, wo viel getrunken wird, meide das trinkende Umfeld, bin auch aus dem Fußballverein ausgetreten deswegen und gehe nicht mehr auf den Sportplatz. Halte mich heute mehr an meine Familie. Habe vieles losgelassen, was früher zur Routine gehört hat. Habe das alte Gleis verlassen.

***

FRAGE: Woran erkennt man eine erfolgreiche Strategie?

ANTWORT: Man muss davon profitieren!

<u>Zitat aus einem Gutachten:</u>
Alles sei durch den Trinkverzicht positiver geworden, er habe eine gute Beziehung führen können, es sei im Beruf wieder gelaufen. Er habe auch eine Rückmeldung von der Familie und anderen guten Bekannten bekommen, dass die den Alkoholverzicht gut finden. Dann fühle er sich auch viel besser. Er fühle sich körperlich viel besser, dann fühle er sich viel ausgeglichener. Er fühle sich gesünder und habe eine gute Laune an jedem Tag. Er sei mit sich selber viel zufriedener.

Schlussfolgerung des Gutachters:
Die mit der angegebenen Umstellung zur abstinenten Lebensführung verbundenen Veränderungen in der Lebensweise konnten von dem Klienten nachvollziehbar dargestellt werden. Es wurde hierbei vor allem auch deutlich, dass er von der veränderten Lebensführung profitiert, so dass eine ausreichende motivationale Basis zu deren Fortsetzung gegeben ist.

***

FRAGE: Ist Ihnen der Verzicht auf Alkohol leichtgefallen?

ANTWORT: Ein gutes Beispiel:
„Die ersten acht Tage habe ich schlecht geschlafen, weil ich ja praktisch abends das Bier zum Einschlafen getrunken habe.“ Es sei schwierig gewesen, auf den Alkohol zu verzichten. „Ich musste schon öfters dran denken.“ Er habe dann auch die Kontakte zu den ehemaligen Saufkumpanen abgebrochen. Das habe sich auch teilweise selber erledigt, weil einige nicht akzeptiert hätten, dass er nichts mehr trinke. Auch habe er festgestellt, dass es bei denen nur um den Alkoholkonsum ginge.

KOMMENTAR: *Wer das uneingeschränkt bejaht, der lügt! Besser: Am Anfang nicht, denn es war mit Entzugserscheinungen wie Hitzewallung, Zittern und Schlafstörungen verbunden. Insgesamt ist der Entzugsprozess eine starke psychische und auch soziale Herausforderung.*

***

FRAGE: Nehmen Sie Veränderungen bei sich wahr?

ANTWORT: Er trinke seit dem Motorradunfall keinen Tropfen mehr. Er sei auf Reha gewesen, danach sei es nicht schwer gewesen. Keiner der Freunde habe ihn animiert, sie hätten es verstanden. Sie seien langsam in einem Alter, wo es nicht nur ums Feiern gehe. Er vermisse den Alkohol überhaupt nicht.

Vorteile beim Alkoholverzicht seien seine Gesundheit, er spare einen Haufen Geld, es gehe ihm gut, er habe keinen Kater und er habe sich früher blamiert, heute sei er klar bei Sinnen. Es habe nur Vorteile und ob er ein Spezi trinke oder ein Radler, würde keinen Unterschied machen, er bleibe beim Spezi.

***

FRAGE: Haben Sie kritische Situationen erlebt oder Situationen, in denen Sie Lust auf Alkohol verspürt haben?

ANTWORT: „Die Versuchung, dass ich trinken wollte, habe ich jetzt schon ewig nicht mehr." Dann der detaillierte Bericht über die Erfahrung: Es habe Situationen gegeben, wo er sich nicht gut gefühlt habe und Probleme gehabt habe und sich habe kurzschließen müssen. Er habe dann jemanden zum Unterhalten gehabt und es sei ihm bessergegangen. Jedoch habe er keinen Drang gehabt, wegen Problemen Alkohol zu trinken. Er habe auch den Kontakt zur Beratungsstelle hergestellt, auch weil er sich habe vorstellen können, dass es wieder Probleme gebe.

KOMMENTAR: *Das war eine sehr gute Antwort, denn sie zeigt, dass die Verhaltensmusteränderung gefestigt ist.*

***

FRAGE: Wieviel wollen Sie in Zukunft bei einem Anlass trinken?

ANTWORT: Bei der folgenden Antwort war dem Klienten nicht mehr zu helfen!

„Ich werde keinen Schnaps mehr trinken. Ich habe mir ein Limit gesetzt. Allerhöchstens 15 Bier (a 0,33 Liter), dann ist Schluss“

KOMMENTAR: *Natürlich durchgefallen!*

***

FRAGE: Nennen Sie eine sogenannte Glatteisstelle, wo Sie fast wieder abgerutscht wären.

ANTWORT: Ich war auf einer Party, da wurde plötzlich mein früheres Lieblingsgetränk Gin-Tonic angeboten. Da bin ich schnell aufgestanden und weggegangen.

***

FRAGE: Was wollen Sie tun, wenn es zu einem Rückfall kommen sollte?

ANTWORT: Ich würde mir auf jeden Fall wieder fachliche Hilfe suchen, sollte es zu einem Rückfall kommen.

***

FRAGE: Was ist die BAK?

ANTWORT: BAK ist die Abkürzung für die Blutakoholkonzentra-

tion (zum Zeitpunkt der Tat).
Die Blutalkoholkonzentration (BAK) bezeichnet die Menge Alkohol im Blut. Sie wird in Gramm Reinalkohol pro Kilogramm Blut als „Promille" (‰) angegeben. Eine BAK von 1‰ bedeutet, dass 1 Kilogramm Blut 1 Gramm reinen Alkohol enthält.

Die Blutalkoholkonzentration (BAK) wird verwendet, um Aussagen über die Einschränkung der Konzentrations- und Zurechnungsfähigkeit durch Alkohol abzuleiten.

Die BAK kann in einer Blutprobe gemessen, aus der Atem-Alkoholkonzentration berechnet oder durch Näherungsformeln über den Alkoholkonsum abgeschätzt werden.

Wie hoch die Blutalkoholkonzentration, also der Promillewert im Blut ist, lässt sich mit der sogenannten Widmark-Formel berechnen. Siehe nächste Frage.

***

FRAGE: Was ist die Widmark-Formel?

ANTWORT: Der Blutalkoholgehalt in Promille. Er berechnet sich nach der Widmark-Formel wie folgt:
c (in Promille) = A / (r*G) wobei
c: Blutalkoholgehalt in Promille
A: aufgenommener Alkohol in Gramm
r: Verteilungsfaktor im Körper (0,7 für Männer / 0,6 für Frauen)
G: Körpergewicht in Kilogramm ist.

Der Verteilungsfaktor ist für Frauen niedriger, da sie durchschnittlich einen höheren Körperfettanteil haben. (Auch Männer sollten bei Übergewicht ein entsprechend geringeres Gewicht G annehmen, da Körperfett weder bei der Verteilung noch beim Abbau förderlich ist.)

***

FRAGE: Welche Faustregeln gelten bei der Bestimmung der BAK?

ANTWORT: Ein halber Liter Pils macht bei einem 70 kg schweren Mann mit normal gefülltem Magen, 30 Minuten nach Genuss, etwa 0,4 Promille aus. Bei Frauen von gleichem Gewicht sind es 0,46 Promille. 0,2 Liter Rotwein machen bei Männern ebenfalls etwa 0,4 Promille aus. Frauen können jetzt schon 0,5 Promille erreichen.

***

FRAGE: Wie lange dauert es im Allgemeinen, bis 1,0 Promille Alkohol im Blut abgebaut ist?

ANTWORT: Zehn Stunden

FRAGE: Was bedeutet die 0,3 Promille-Grenze für den Autofahrer?

ANTWORT: Relative Fahruntüchtigkeit nimmt die Rechtsprechung ab 0,3 Promille an, wenn weitere Anzeichen hinzutreten. Die Fahruntüchtigkeit wird nach der Maßgabe des Einzelfalles, also individuell beurteilt.

<u>Beispiele für Ausfallerscheinungen sind:</u>
Orientierungslosigkeit (Schlangenlinien), erhebliche Beeinträchti-

gung der Reaktionsfähigkeit, Bewegungsanormalitäten (Torkeln), keine Pupillenreaktion bei Veränderung der Helligkeit der Umgebung, verwaschene Aussprache und Wahrnehmungsfehler.

Kommt es alkoholbedingt zu einem Unfall, muss mit Geld- oder Freiheitsstrafe gerechnet werden.

***

FRAGE: Ab welchem Alkoholgehalt verschlechtert sich die Fähigkeit, Entfernungen zu schätzen?

ANTWORT: Schon ab 0,2 bis 0,3 Promille verschlechtert sich das Urteilsvermögen signifikant (Tunnelblick).

***

FRAGE: Wie wird mein Alkohol-Trinkverhalten im letzten Jahr kontrolliert?

ANTWORT: Beleg der Alkoholabstinenz mit Hilfe eines Kontrollprogramms bestehend aus mindestens sechs unvorhersehbar angeordneten Urinkontrollen auf das Alkoholabbauprodukt Ethylglucuronid (EtG) im Verlauf von zwölf Monaten. Das Programm muss, um im Rahmen der Fahreignungsbegutachtung berücksichtigt werden zu können, von einem in Anlage 4a FeV genannten Arzt (z.B. Arzt in einer Begutachtungsstelle) komplett durchgeführt werden. Der abschließenden Stellungnahme müssen die Durchführungsbedingungen und die verwendeten Untersuchungsmethoden detailliert zu entnehmen sein. Das Analyselabor muss eine Akkreditierung nach DIN EN ISO 17025 für forensische Zwecke aufweisen.

Ergänzend oder alternativ dazu ist die Durchführung von Haaranalysen auf das Alkoholabbauprodukt Ethylglucuronid (EtG). Hierfür sind, um eine Aussage über den erforderlichen Abstinenzzeitraum treffen zu können, mehrere Untersuchungen im Abstand von jeweils drei Monaten erforderlich, da aufgrund der Abnahme der EtG-Konzentration im Zeitverlauf jeweils nur kopfnahe drei Zentimeter von nicht behandelten Haaren verwertbar sind. Dies entspricht einem belegten Zeitraum von ca. drei Monaten. Somit sind für einen Abstinenzbeleg von einem Jahr vier Kontrollen in Folge erforderlich.

***

FRAGE: Auf welches Organ wirkt der Alkohol am stärksten?

ANTWORT: Auf das Gehirn

***

FRAGE: Welche graduell unterschiedlichen Zustände bei Alkohol unterscheiden die Beurteilungskriterien?

ANTWORT:

» Alkoholabhängigkeit
» Alkoholmissbrauch schwer
» Alkoholmissbrauch
» Alkoholgefährdung

C: Fragen zum Problem Drogen

FRAGE: Was will der Psychologe insbesondere im Zusammenhang mit der Drogenproblematik von Ihnen wissen?

ANTWORT: Er will wissen, ob von mir zu erwarten ist, dass ich in Zukunft unter Einfluss von Drogen kein Kraftfahrzeug führen werde.

KOMMENTAR: *Der Gutachter muss auch anhand meiner Selbstaussage den Schweregrad der Drogensucht erfassen, ob bei mir Drogenabhängigkeit vorliegt, eine fortgeschrittene Drogenproblematik, eine Drogengefährdung oder nur ein gelegentlicher Konsum. Symptome dafür sind das Konsumverhalten, körperliche Entzugssymptome, Alkoholkonsum zur Vermeidung von Entzugssymptomen, psychische Entzugssymptome (Verlangen) etc.*

***

FRAGE: Können Sie die Zweifel der Behörde an Ihrer Fahreignung nachvollziehen?

ANTWORT: Das sollte man unbedingt bejahen.

KOMMENTAR: *Bedingung für eine günstige Prognose ist Einsicht, Änderung der problematischen Verhaltensweisen und zukünftige Stabilität des neuen Verhaltens.*

***

FRAGE: Was glauben Sie, warum hat die Behörde Bedenken an Ihrer Eignung zum Führen von Kraftfahrzeugen?

ANTWORT: Sagen Sie die brutale Wahrheit: Weil ich ein Drogen-Problem hatte!

KOMMENTAR: *Bitte sagen Sie jetzt nicht: „Weil ich einen Riesenfehler gemacht habe und einmal Haschisch geraucht habe." Das glaubt keiner, dass das ein einmaliger Fehler war, dass Sie nur einmal geraucht haben.*

***

FRAGE: Wann hat Ihr Drogenkonsum begonnen?

ANTWORT: Hier bitte ein klares Datum angeben; am 13. März 2018 zu meinem Geburtstag habe ich zum ersten Mal Haschisch geraucht.

***

FRAGE: Haben Sie noch andere Drogen konsumiert?

ANTWORT: Was ist aktenkundig? Gut wäre es, wenn Sie nur mit Marihuana zu tun hatten.

KOMMENTAR: *Bitte nicht den Junkie spielen und mit der eigenen Erfahrung prahlen. Das könnte sich negativ auf den Nachweiszeitraum auswirken.*

***

FRAGE: Warum haben Sie Drogen probiert?

ANTWORT: Einfach Neugierde! Ich hatte einen Job als Fotograf im Nachtleben. War dann oft alleine weg. Damals habe ich das Single-Dasein genossen. So bin ich auch das erste Mal mit Drogen in Berührung gekommen.

***

FRAGE: Wofür haben Sie die Drogen gebraucht?

ANTWORT: Berichten Sie ehrlich, dass damals die Droge Ihre Probleme wegschob.

KOMMENTAR: *Hier geht es wieder um Konfliktbewältigung.*

***

FRAGE: Haben die Drogen bei der Problembewältigung geholfen?

ANTWORT: Im Ergebnis nicht. Heute würde ich eine Lösung für die Probleme suchen.

***

FRAGE: Wie muss man sich Ihr Konsummuster vorstellen?

ANTWORT: Hier ist eine ehrliche und ausführliche Antwort sinnvoll. Am Anfang wenig, da die Wirkung stark war, später mehr.

KOMMENTAR: *Feilen Sie an Ihrer Story!*

***

FRAGE: Wie hat sich Ihr Drogenkonsum-Verhalten entwickelt?

ANTWORT: Schildern Sie offen, detailliert und nachvollziehbar die Entwicklung Ihres Drogenkonsums.

KOMMENTAR: *Vermeiden Sie Bagatellisierungsversuche. Sonst ergeben sich erhebliche Zweifel an Ihrer Glaubwürdigkeit. Sätze wie: „Höchstens mal eine Tüte" und „Ich habe mich da verleiten lassen" sind tödlich und dürfen unter keinen Umständen verwendet werden. Sonst steht im Gutachten:*

„Bei den Äußerungen von Frau X. bei der psychologischen Exploration waren Bagatellisierungstendenzen feststellbar. Auch hieraus ergeben sich Zweifel an einer hinreichend tiefergehenden Auseinandersetzung der Begutachteten mit ihrer Vorgeschichte und der entsprechenden Hintergrundproblematik."

***

FRAGE: Gab es kritische Hinweise durch andere zum Umgang mit Drogen?

ANTWORT: Sicher sind Sie angesprochen worden, vom Chef, Ihrer Frau, Ihrer Mutter. Es muss aufgefallen sein, dass Sie immer mehr ausgestiegen sind - aber Sie haben die Ohren verschlossen, denn Sie wollten nicht hören.

***

FRAGE: Gab es negative Konsequenzen durch den Drogenkonsum?

ANTWORT: Bestimmt gab es drogenbedingt Ehekrach, Scheidung, Abmahnung, Kündigung oder Wohnungsverlust.

***

FRAGE: Was hat Ihnen am Cannabisrauchen gefallen?

ANTWORT: Ehrliche Antwort: High sein, Abschalten, es ist wie im Film. Das hat mich glücklich gemacht, aber der nächste Tag war schlecht.

***

FRAGE: Wie haben Sie Ihren Drogenkonsum finanziert?

ANTWORT: Jeder weiß, dass Drogen viel Geld kosten, daher können Sie durchaus zugeben, dass Sie Schulden gemacht haben.

***

FRAGE: Sind Sie öfter unter Drogeneinfluss gefahren?

ANTWORT: Hier ist eine ehrliche Antwort sinnvoll: „Das ist leider häufiger vorgekommen."

KOMMENTAR: *Die Psychologen gehen von einer hohen Dunkelziffer aus, weil die Kontrolldichte durch die Polizei gering ist und die Fahrweise gewöhnungsbedingt oft unauffällig bleibt.*

***

FRAGE: Wie kam es zu der Situation am ...?

ANTWORT: Berichten Sie so ausführlich wie möglich.

KOMMENTAR: *Es ist unsinnig, den Rauschzustand mit einer bestimmten Situation zu erklären. Eine Autofahrt im berauschten Zustand muss als durch Einstellungsdefizite bedingtes Fehlverhalten und nicht als Produkt von irgendwelchen Zufälligkeiten erkannt werden.*

***

FRAGE: Was haben Sie konkret zu sich genommen?

ANTWORT: Hier wird eine klare Aussage erwartet.

KOMMENTAR: *Versuchen Sie nicht, sich als harmlos hinzustellen. Die Aussagen zum früheren Drogenkonsum dürfen auf keinen Fall bagatellisiert werden, denn Voraussetzung für eine angemessene Verhaltensänderung ist eine realistische Selbsteinschätzung der Drogenproblematik.*

***

FRAGE: Welche Konsequenzen hat die Strafe bewirkt?

ANTWORT: Hier ist wieder eine ehrliche nachdenkliche Antwort erforderlich.

KOMMENTAR: *Wem die Missachtung von Verkehrsregeln und die damit verbundene Strafe gleichgültig ist, der lässt ein unangepasstes soziales Verhalten erkennen.*

***

FRAGE: Wie hat sich Ihr Verhältnis zu Drogen im letzten Jahr entwickelt?

ANTWORT: Gute Antwort: „Inzwischen habe ich mich mit der Problematik auseinandergesetzt und weiß, dass ich drogensüchtig war und daraus Konsequenzen ziehen muss. Deshalb habe ich für mich Strategien entwickelt, die mir helfen, dass ich überhaupt nicht mehr mit Drogen in Kontakt komme.“

KOMMENTAR: *Es genügt nicht, keine Drogen mehr zu konsumieren. Aufgrund des Delikts soll eine kritische Reflektion der eigenen Drogenproblematik einsetzen. Unterbleibt sie, kann noch keine angemessene Einschätzung der Problematik angenommen werden. Eine ausreichende Veränderung wurde noch nicht eingeleitet. (Durchgefallen!)*

***

FRAGE: Wann haben Sie aufgehört, Drogen zu nehmen?

ANTWORT: Seit Januar 2020, seit ich von meiner Frau getrennt lebe, ist alles besser geworden. Da habe ich mit dem Cannabis aufgehört.

***

FRAGE: Ist Ihnen der Verzicht auf Drogen leicht gefallen?

ANTWORT: „Am Anfang nicht, denn es war mit massiven Entzugserscheinungen verbunden.“ Vielleicht haben Sie eine interessante Geschichte zu erzählen. Erwähnen Sie ruhig, wenn Sie zwischendurch wieder rückfällig wurden.

KOMMENTAR: *Wer behauptet, der Verzicht auf Drogen sei ihm leichtgefallen, der lügt!*

***

FRAGE: Was hat sich in Ihrem Leben verändert?

ANTWORT: Es geht in der Ehe, im Beruf, im Studium besser. Wenn Probleme kommen, beschäftige ich mich mit ihnen und setze mich mit den Schwierigkeiten auseinander. Ich bin zuverlässiger geworden, leistungsfähiger und habe meine alten Schulden abbezahlt.

Ich bin aus H. weggezogen. Ich habe jeden Kontakt zu den alten Freunden abgebrochen. Ich habe eine neue Partnerin. Als ich Drogen genommen habe, habe ich bei meinem Bruder gewohnt. Jetzt habe ich eine eigene Wohnung.

***

FRAGE: Wie sieht denn Ihre Strategie aus, den Kontakt zu Drogen zu vermeiden?

ANTWORT: Meine Lebensweise hat sich geändert. Ich habe ein anderes Umfeld. Ich habe meinen Freundeskreis gewechselt. Wenn jemand von den alten Kumpels anruft, lege ich sofort auf. Ich habe jetzt andere Freunde, die mir sehr geholfen haben. Ich habe mir Ziele gesetzt.

Ich habe Privatinsolvenz angemeldet. Ich möchte meinen Arbeitsplatz und meinen Führerschein behalten. Ich möchte mir wieder ein Auto kaufen.

FRAGE: Nennen Sie eine sog. Glatteisstelle, wo Sie fast wieder abgerutscht wären.

ANTWORT: Ich war auf einer Party, da wurde plötzlich geraucht. Da bin ich aufgestanden und weggegangen.

***

FRAGE: Was wollen Sie tun, wenn es zu einem Rückfall kommen sollte?

ANTWORT: Ich würde mir auf jeden Fall wieder fachliche Hilfe suchen, sollte es zu einem Rückfall kommen.

***

FRAGE: Warum nehmen Sie jetzt keine Drogen mehr?

ANTWORT: „Ich habe wieder guten Kontakt mit meinen Eltern, mit denen ich mich fast jedes Wochenende treffe. Der Austausch macht mir Spaß und ich sehe auch, wie sehr sie sich freuen, dass ich endlich nicht mehr kiffe. Auch meine Kollegen und Vorgesetzten haben bemerkt, dass ich konzentrierter, aufmerksamer und ausgeglichener bin und meinen Beruf mit mehr Elan verfolge."

KOMMENTAR: *Es genügt nicht, nichts mehr zu nehmen; Sie müssen eine Verhaltensänderung nachweisen, die Ihnen hilft, Drogenkonsum zu vermeiden.*

***

FRAGE: Wie lässt sich sofort feststellen, ob man unter Drogeneinfluss Auto fährt?

ANTWORT: Mit einem Drogenschnelltest zur Entdeckung von Kokain, Opiaten, Cannabis und Amphetaminen lassen sich innerhalb einer Reaktionszeit von drei bis fünf Minuten Wirksubstanzen in Körperflüssigkeiten wie Speichel oder Schweiß zuverlässig nachweisen.

***

FRAGE: Zwischen welchen Drogen wird unterschieden?

ANTWORT: Unterschieden wird zwischen den sogenannten harten Drogen und weichen Drogen in Form von Cannabis.

***

FRAGE: Wie ist die Rechtslage bei harten Drogen?

ANTWORT: Bei den harten Drogen genügt eine einmalige Einnahme, um die Befähigung zum Führen eines Fahrzeugs zu verlieren. Dabei wird nicht zwischen Ecstasy, Heroin oder Crack unterschieden. Es ist auch nicht erheblich, ob ich dabei am Straßenverkehr teilgenommen habe oder nicht. Die Fahrerlaubnisbehörde hat das Recht, mir die Fahrerlaubnis zu entziehen, eine MPU anzuordnen und die einjährige Nachweispflicht zu verlangen.

***

FRAGE: Sind Legal Highs legale Drogen?

ANTWORT: Mitnichten! Sie sind seit Inkrafttreten des Neue-psychoaktive-Stoffe-Gesetzes Ende 2016 illegal.

Sie bestehen aus Duftstoffen oder Kräutern, denen chemische Stoffe beigemischt werden. Schon geringste Mengen können zu Psychosen oder Herzrasen oder sogar zum Tod führen.

***

FRAGE: Jemand hat soeben eine Haschisch-Zigarette geraucht. Darf er anschließend ein Kraftfahrzeug führen?

ANTWORT: Nein, weil er dann fahruntüchtig sein kann.

***

FRAGE: Wie wird der berauschende Wirkstoff von Haschisch im Körper abgebaut?

ANTWORT: Ungleichmäßig, zeitlich nicht abschätzbar.

***

FRAGE: Welche Schweregrade der Drogensucht unterscheiden die Beurteilungskriterien?

ANTWORT: Die Beurteilungskriterien definieren die Schweregrade folgendermaßen:

» Die Drogenabhängigkeit ist eine primäre Opiatabhängigkeit.
» Die fortgeschrittene Drogenproblematik ist missbräuchlicher Konsum.
» Die Drogengefährdung ist Konsum ohne Anzeichen einer fortgeschrittenen Drogenproblematik.

» Der gelegentliche Cannabiskonsum vermeidet zuverlässig Verkehrsteilnahme unter Drogeneinfluss.
» Symptome dafür sind das Konsumverhalten, körperliche Entzugssymptome, Alkoholkonsum zur Vermeidung von Entzugssymptomen, psychische Entzugssymptome (Verlangen) etc.

***

FRAGE: Welche Zeitdauer der Drogenabstinenz müssen Sie nachweisen?

ANTWORT: Bei Drogenabhängigkeit, fortgeschrittener Drogenproblematik und bei Drogengefährdung ist Voraussetzung für die Wiedererlangung der Fahreignung eine einjährige Abstinenz nach Entgiftung und Entwöhnung.

Wenn eine Drogengefährdung nach gelegentlichem Cannabis-Gebrauch ohne Anzeichen für eine fortgeschrittene Drogenproblematik vorliegt, reicht in Einzelfällen auch der Beleg über eine Drogenabstinenz von einem halben Jahr.

Wenn mit dem Haschischkonsum auch Alkohol konsumiert wurde, gilt wieder die einjährige Abstinenz.

***

FRAGE: Was ist die chemisch-toxikologische Untersuchung (CTU)?

ANTWORT: Die chemisch-toxikologische Untersuchung (CTU) in der Fahreignungsdiagnostik ist der Oberbegriff für Untersuchungen von Blut, Urin oder Haaren. Es ist ein zentrales Hilfsmittel im Rahmen der Begutachtung von Personen, die durch Alkohol-, Drogen- oder Medikamentenmissbrauch aufgefallen sind.

***

FRAGE: Was ist die Haaranalyse?

ANTWORT: Die Haarprobe kann Aufschluss über einen möglichen Drogenkonsum geben. In einem sechs Zentimeter langen Haarstrang (entspricht einem Zeitraum von sechs Monaten) können Drogen (THC, Cocain-Gruppe, Amphetamin-Gruppe, Methadon, Tramadol, Tranquilizer (Diazepine) nachgewiesen werden, sofern diese in den letzten sechs Monaten eingenommen worden sind. Beim Konsum von Betäubungsmitteln gelangen die Stoffe über den Blutkreislauf in die Haarpapillen. Dort lagern sich die Abbauprodukte in der Haarstruktur ein. Mit dem Haarwuchs wandern sie an die Hautoberfläche und können dann laborchemisch nachgewiesen werden. Es kann jedes Körperhaar verwendet werden. Damit kann der Nachweis einer Drogenabstinenz über einen längeren Zeitraum erbracht werden.

Die maximal zu untersuchende Haarlänge für Drogen beträgt jetzt sechs Zentimeter. Das heißt, wenn man ein Jahr Drogenabstinenz nachweisen muss, sind zwei Haaranalysen mit je sechs Zentimeter Haarlänge notwendig.

Eine Haaranalyse auf Drogen mit kolorierten Haaren (Färbung/Tönung) ist in der Regel nicht möglich.

FRAGE: Was sind Urinkontrollen?

ANTWORT: Sie können Ihre Drogenabstinenz auch mittels Urinkontrollen im Rahmen eines Drogenkontrollprogramms untermauern.

Polytoxikologische Urinscreenings auf Drogen in einem vereinbarten Zeitraum werden unter ärztlicher Aufsicht durchgeführt. Mit der immunologischen Nachweismethode CEDIA wird der Urin auf folgende Substanzen analysiert: Cannabinoide, Opiate, Kokain, Amphetamine und Ecstasy, Methadon, Benzodiazepine.

Wenn Sie ein Jahr Drogenabstinenz nachzuweisen haben, genügen sechs zufällige Urinkontrollen. Bei einem halbjährigen Nachweis wird man Sie viermal einbestellen.

***

FRAGE: Was ist die Kreatinbestimmung?

ANTWORT: Urin wird auf seinen Verdünnungsgrad hin überprüft, um falsche negative Befunde auszuschließen.

***

FRAGE: Wird mit einer belegten Drogenabstinenz von einem Jahr das Gutachten auf jeden Fall positiv?

ANTWORT: Eine Dokumentation über Ihre Drogenabstinenz durch Haaranalysen oder ein Drogenkontrollprogramm ist zwar ein notwendiger Baustein für eine erfolgreiche MPU, aber alleine nicht ausreichend! Sie sollten sich zudem mit Ihrem Drogenkonsum in der Vergangenheit intensiv auseinandergesetzt und auf dieser Grundlage eine Drogenabstinenz entwickelt haben, die Sie in der Zukunft auch stabil umsetzen können.

D: Fragen zum Problem Punkte

Eigentlich gehören die Kapitel Punkte und Straftaten zusammen, denn es handelt sich nach den Beurteilungskriterien nur um graduell unterschiedliche Stufen abnehmender Kontrollfähigkeit und zunehmender Impulsivität. Aus didaktischen Gründen wurden zwei Kapitel eingerichtet, denn die Punktesünder sind als Kunden weitaus in der Überzahl gegenüber den sogenannten schweren Jungs.

FRAGE: Was will der Psychologe im Zusammenhang mit Ihrem Verkehrsverhalten von Ihnen wissen?

ANTWORT: Er will wissen, ob von Ihnen zu erwarten ist, dass Sie in Zukunft die Verkehrsregeln einhalten werden.

KOMMENTAR: *Der Gutachter muss auch anhand Ihrer Aussage den Schweregrad Ihres Fehlverhaltens gegenüber der Regelbeachtung erfassen. Liegt eine verminderte Anpassungsbereitschaft vor oder eine problematische Fahrverhaltensgewohnheit? Liegt inzwischen eine ausreichende Selbstkontrolle bei der Einhaltung von Verkehrsregeln vor?*

***

FRAGE: Woran ist bei Jugendlichen zu denken?

ANTWORT: Bei jugendlichen Fahrern kann das Imponiergehabe eine große Rolle spielen; sie benehmen sich leichtsinnig, jugendlich unvernünftig, eben verrückt!

***

FRAGE: Was ist ein häufiger Fehler bei der Ursachenanalyse?

ANTWORT: Wenn man sich als einen kompetenten und sicheren Fahrer darstellt.

KOMMENTAR: *Wenn das eigene Verhalten beschönigend geschildert und unkritisch beurteilt wird, dann stellt diese Selbstwahrnehmung eine schlechte Voraussetzung für die Entwicklung eines partnerschaftlichen Verhaltens im Straßenverkehr und somit auch eine ungünstige Prognose dar.*

Beispiel aus einem Gutachten: Die Überprüfung der Angaben ergab im Vergleich mit den aktenkundigen Informationen eine stellenweise doch wenig konkrete und noch deutlich selbstentlastende Schilderung des eigenen Fehlverhaltens (Fahrstil? „Früher sportlich." / „Ich bin ein sehr vorsichtiger Fahrer. „Meine Reaktionen im allgemeinen Verkehr sind sehr hoch. Ich kann vorausschauend fahren, kann andere Fahrer einschätzen."

***

FRAGE: Was ist ein ganz übler Fehler bei der Ursachenanalyse?

ANTWORT: Wenn Sie etwas anderes erzählen als in den Akten steht.

KOMMENTAR: *Wenn die eigene Schilderung in wesentlichen Details von den Ergebnissen der Aktenauswertung abweicht, dann sieht es schlecht aus für Ihre Prüfung. Zitat: „Darüber hinaus sprechen Unstimmigkeiten solchen Ausmaßes dafür, dass der Klient sich entweder durch eine abweichende Darstellung selbst zu entlasten versucht oder dass er die Ereignisse innerlich nur ungenügend verarbeitet und abgeklärt hat."*

FRAGE: Was ist, wenn Sie mit äußeren ungünstigen Umständen argumentieren?

ANTWORT: Ganz schlecht, wenn Sie versuchen, Sich zu entschuldigen!

KOMMENTAR: *Dann heißt es im Gutachten: Der Klient konnte den Zusammenhang zwischen seiner Auffälligkeit im Verkehr und den persönlichen Hintergründen nur ansatzweise erkennen. Er macht im Wesentlichen äußere Umstände (Nikotinverzicht, schwangere Freundin) und weniger persönliche Anteile für das Fehlverhalten verantwortlich (sogenannter externaler Attributionsstil).*

***

FRAGE: Können Sie die Zweifel der Behörde an Ihrer Fahreignung nachvollziehen?

ANTWORT: Das sollte man unbedingt bejahen.

KOMMENTAR: *Bedingung für eine günstige Prognose ist Einsicht, Änderung der problematischen Verhaltensweisen und zukünftige Stabilität des neuen Verhaltens.*

***

FRAGE: Schildern Sie Ihre Deliktvorgeschichte!

ANTWORT: Berichten Sie so genau wie möglich über jedes Delikt. Nennen sie das konkrete Datum und möglichst auch die Uhrzeit. Erklären Sie die Ursachen und näheren Umständen der Verkehrsauffälligkeiten. Deshalb sollten Sie genau wissen, was wann passiert ist, und Sie sollten den jeweiligen Vorfall sachlich darstellen und nicht bagatellisieren:

10.07.2018: Überholen im Verbot.
13.07.2018: Geschwindigkeitsübertretung von 33 km/h.
24.11.2019: Überholen im Verbot.
05.02.2020: Geschwindigkeitsübertretung von 35 km/h.
13.04.2020: Unerlaubtes Entfernen vom Unfallort.
13.04.2021: Trunkenheit gegen 06:15 Uhr, BAK 0,68 Promille.

KOMMENTAR: *Der Umfang Ihrer Untaten ist dem Psychologen aus den Akten bekannt. Er will alles noch einmal von Ihnen hören, weil er aus Ihrer Erzählweise Rückschlüsse ziehen kann.*

***

FRAGE: Sollen Sie Ihre persönliche Deliktgeschichte vollständig und korrekt wiedergeben?

ANTWORT: Unbedingt.

KOMMENTAR: *Wenn Sie negative Details verschweigen oder bereits vergessen haben, dann denkt der Psychologe: Erfahrungsgemäß erinnert man sich besonders gut an einen Vorgang, wenn man sich damit genau auseinandergesetzt hat, wenn die einschneidenden Erfahrungen angemessen verarbeitet wurden. Sind die Erinnerungen lückenhaft, spricht das für eine abwehrende Haltung, für eine ungünstige Art der Verarbeitung eigenen Fehlverhaltens und damit für eine fehlende Klärung der Problematik und der Bedingungen der von wiederholten Verstößen geprägten Verkehrsbiographie.*

***

FRAGE: Wenn Sie die Vorfälle schildern, worauf müssen Sie dann achten?

ANTWORT: Berichten Sie distanziert über den Unfall, die rote Ampel, die Geschwindigkeitsübertretung. Bringen Sie zum Ausdruck, dass es sich um Vorgänge handelt, die Sie heute missbilligen. Geben Sie einen Grund für dieses Fehlverhalten an.

KOMMENTAR: *Sonst steht im Gutachten: Bei den Schilderungen der letzten Vorfälle fällt auf, dass spontane unreflektierte Verhaltensweisen dominieren und dass Vorsatzbildungen, die durchaus nachvollziehbar stattgefunden hatten, nicht zuverlässig umgesetzt werden konnten. Der Klient erinnert sich mitunter auch besser an die Umstände des „Erwischtwerdens" (z.B., dass die Polizei hinter ihm gefahren ist, dass an unerwarteten Stellen „gelasert wurde") als an die Gründe für sein auffälliges Verhalten, bei denen er triviale Begründungen für ausreichend hält (Man habe schnell heim wollen).*

***

FRAGE: Sie mussten sich mit den Ursachen Ihres Fehlverhaltens auseinandersetzen. Was war der Grund für die verminderte Anpassungsfähigkeit?

War es ein Lustgefühl, schnell zu sein?
War es ein Machtgefühl, schneller als andere zu sein?
War es Ehrgeiz oder ein Machtbedürfnis?
War es ein Bedürfnis nach Anerkennung oder Liebe?
War es wichtig, die Aufmerksamkeit der Leute zu bekommen?
Gab es eine spontane Impulsivität, die in Aggressivität umschlagen kann?

ANTWORT: Geben Sie die richtige Antwort. Sie konnten sich darauf vorbereiten!

KOMMENTAR: *Mit den Ursachen Ihres Fehlverhaltens wie Ehrgeiz oder Machtbedürfnis, Bedürfnis nach Anerkennung oder Liebe mussten Sie sich auseinandersetzen. Deshalb keine falsche Scham, berichten Sie von Ihren Erkenntnissen über sich selbst. Sie brauchen nichts zu beschönigen.*

***

FRAGE: Wie war Ihre Gefühlslage bei diesen Delikten?

ANTWORT: Schildern Sie Ihre damalige Gefühlslage.

KOMMENTAR: *Wer Punkte wegen zu schnellen Fahrens sammelt, muss ein besonderes Verhältnis zum Schnellfahren entwickelt haben. War es ein Lustgefühl, schnell zu sein? War es ein Machtgefühl, schneller als andere zu sein? Mit den Ursachen Ihres Fehlverhaltens haben Sie sich sicher auseinandergesetzt.*

***

FRAGE: War Ihre Fahrweise für Sie und für andere gefährlich?

ANTWORT: Seien Sie ehrlich!

KOMMENTAR: *Aus einem Gutachten: „Umso schneller man ist, hat man auch einen längeren Bremsweg und das war mir damals alles gar nicht bewusst." Das beurteilt der Psychologe wie folgt: Gleichzeitig werden die Gefahren aus dem früheren Fahrverhalten realistisch eingeschätzt. Daraus ist nachvollziehbar eine Änderungsabsicht be-*

gründet.

Die ehrliche Einsicht wurde also honoriert!

***

FRAGE: Neigen Sie zu „sportlichem" Fahren?

ANTWORT: Das ist eine ganz gefährliche Frage. Das war vielleicht früher der Fall, heute aber nicht mehr.

KOMMENTAR: *Denn was für Sie vielleicht sportlich ist, ist für den Prüfer sicher gefährliches, rücksichtsloses und unverantwortliches Fahren. Das gibt es bei Ihnen nicht mehr.*

***

FRAGE: Wie kam es, dass Sie keinen Unfall (oder nur wenige) hatten?

ANTWORT: Das kann nur Glück gewesen sein (kleine Brötchen backen)!

KOMMENTAR: *Sie sollten besser nicht damit argumentieren, dass Sie über ein außergewöhnliches Reaktionsvermögen verfügen.*

***

FRAGE: Wie schätzen Sie sich für die damalige Zeit als Fahrer ein?

ANTWORT: Leichtsinnig, unvernünftig, verrückt!

„Ich bin ein bisschen schräg gefahren, habe nicht auf die Mitmenschen geachtet und habe andere Menschen auch in Gefahr gebracht durch mein aggressives Fahren. Das war mir früher nicht so bewusst, dass ich durch mein Verhalten andere in Gefahr bringe."

KOMMENTAR: *Solche Antworten zeigen, dass Sie sich von Ihrem früheren Verhalten distanziert haben, dass Sie nicht mehr stolz auf Ihr damaliges Verhalten sind, dass Sie heute einen ganz anderen Standpunkt vertreten; vielleicht könnten Sie sich sogar für Ihr damaliges Verhalten schämen!*

***

FRAGE: Warum haben Sie sich damals so verhalten?

ANTWORT: Argumentieren Sie bitte nicht mit Anlässen wie Ehekrach oder Arbeitsverlust, das reicht nicht aus.

KOMMENTAR: *Es muss massive Ursachen für Ihr Fehlverhalten gegeben haben. Mit Eigenschaften wie Ehrgeiz oder Machtbedürfnis, Bedürfnis nach Anerkennung oder Liebe müssen Sie sich auseinandersetzen, wenn Sie es noch nicht getan haben.*

***

FRAGE: Wie haben Sie auf die ersten Verwarn- bzw. Bußgelder reagiert?

ANTWORT: Geben Sie zu, dass die Ihnen zunächst sch…egal waren.

KOMMENTAR: *Die Einsicht und innere Umkehr ist erst allmählich* *gekommen, deshalb sitzen Sie jetzt hier. Die Zukunft wird positiv sein.*

***

FRAGE: Was hatten Sie sich vorgenommen, um keine Punkte mehr zu bekommen?

ANTWORT: Schildern Sie die konkrete Situation. Früheres Versagen schadet heute nicht, im Gegenteil: Eine sorgfältige Analyse Ihres Scheiterns nötigt Ihrem Gegenüber Respekt ab.

***

FRAGE: Wie könnte Ihre Strategie am Beispiel einer gelben Ampel aussehen?

ANTWORT: Schildern Sie Ihre Strategie. Das ist ein kurzes mentales Wenn-Dann-Programm, das automatisch abläuft, sobald der Auslöser auftaucht.

Der Auslöser ist die gelbe Ampel.

Der bisherige innere Dialog „Schaffe ich es noch?" wird rigoros ersetzt durch folgenden inneren Dialog: Wenn die Ampel auf Gelb umspringt, dann halte ich sofort an. Ich fahre erst wieder los, wenn die Ampel Grün anzeigt, Basta! (Betonen Sie das Basta!).

***

FRAGE: Sollte man erwähnen, dass man sich bei dem Verletzten entschuldigt hat?

ANTWORT: Ja, eine Entschuldigung macht sich gut!

KOMMENTAR: *Dann steht im Gutachten: Er habe sich entschuldigt beim Herrn B. (Verletzten) während der Verhandlung und danach. Er sei sich seiner Schuld bewusst, die Situation habe er verursacht. Die Verletzungen gehen auf sein Konto. Er habe kein (moralisches) Problem gehabt, die Strafe zu zahlen.*

***

FRAGE: Welchen Sinn haben Verkehrsbestimmungen?

ANTWORT: Hier bringen Sie klar zum Ausdruck, dass Verkehrsvorschriften eine präventive Funktion für die Verkehrssicherheit haben, dass die Regeln uns schützen und dass diese Regeln auch für Sie gelten und dass Sie diese in Zukunft strikt beachten werden.

***

FRAGE: Wie bringen Sie zum Ausdruck, dass Sie zukünftig Verkehrszeichen akzeptieren werden?

ANTWORT: Beispiel: Er habe verstanden, dass er nicht verstehen müsse, warum es eine Regel oder ein Schild gebe, sondern dass er es nur einhalten müsse. Es gehe um die Sicherheit anderer und um seine eigene. Er müsse seine Gedanken zuhause lassen und sich auf das Fahren konzentrieren.

***

FRAGE: Was ist für Sie ein guter Autofahrer?

ANTWORT: Gute Erklärung: Ein guter Autofahrer sei jemand, der sich an die Regeln halte, achtsam sei, vorausschauend fahre, sich in der Nacht auch an die Geschwindigkeitsbegrenzungen halte, sich ans Recht halte. Einer der nicht meine, anderen zeigen zu müssen, so gehe es nicht. Es seien Millionen Fahrzeuge unterwegs, sonst funktioniere es nicht, wenn sich keiner an die Begrenzungen halte.

***

FRAGE: Klient wird nach Anhalteweg und Mindestabstand befragt. Er hat keine Ahnung, und damit endet das psychologische Gespräch.
(durchgefallen)

ANTWORT: <u>Zu Ihrer Erinnerung:</u>
Der Bremsweg ist der Weg, der ab der Bremsung zurückgelegt wird, bis ein Fahrzeug endgültig zum Stehen kommt. Dieser beginnt damit erst ab Betätigung des Bremspedals selbst.

<u>Die Berechnung des einfachen Bremsweges ist mit der folgenden Faustformel möglich:</u>
Normaler Bremsweg (gefahrene Geschwindigkeit / 10) x (gefahrene Geschwindigkeit / 10)

Wie lang ist der Bremsweg bei 30 km/h?
Einfache Bremsung = (30 / 10) x (30 / 10) = 9 Meter

Wie lang ist der Bremsweg bei 60 km/h?
Einfache Bremsung = (60 / 10) x (60 / 10) = 36 Meter

Der Reaktionsweg ist der Zeitraum, den der Fahrzeugführer vom Wahrnehmen eines Hindernisses bis zum Reagieren, also dem Auslösen der Bremse, benötigt.

Der Anhalteweg ist die Summe von Bremsweg und Reaktionsweg

Der mindestens einzuhaltende Abstand zwischen den Fahrzeugen ist der normale Bremsweg.

***

FRAGE: Woher erhalten Sie heute Anerkennung?

ANTWORT: Gute Antwort: Von meiner Freundin, die ich seit zwei Jahren habe. Auch von meinen Eltern bekomme ich Anerkennung. Meine Mutter beachtet mich wieder mehr, auch mit meinem Vater unternehme ich wieder öfters etwas. Ich habe auch mit meinem alten Freundeskreis nichts mehr zu tun. Wir grüßen uns zwar, aber ich habe nur noch Kontakt mit zwei Freunden, die ich schon seit der Kindheit kenne. Da kann ich so sein wie ich bin, da muss ich mich nicht verstellen oder beweisen. Ich bekomme auch sehr viel Unterstützung von den Eltern meiner Freundin. Ich muss nicht mehr beweisen, dass ich cool sei oder besonders sei. Ich kann jetzt so sein, wie ich bin."

***

FRAGE: Wo reagieren Sie sich heute ab?

ANTWORT: Volleyball, da haue er rein. Das sei sein Leben, jetzt mit 45 sei er auch den Einstein-Marathon gelaufen. Damit habe er angefangen und die beste Zeit mit 1.29.57 bekommen, und da habe ihn die Tochter noch gezogen.

FRAGE: Was werden Sie heute anders machen?

ANTWORT: Gute Antwort: Ich brauche nicht mehr die Aufmerksamkeit von anderen Leuten. Ich habe einen geregelten Alltag. Ich unternehme öfters was mit meiner Freundin. Habe Kontakt zu meinem kleinen Neffen und habe keinen Kontakt mehr zu meinem alten Freundeskreis. Ich habe aus meinen Fehlern gelernt und werde sie nicht mehr wiederholen. Mein Leben finde ich jetzt perfekt. Ich verstehe mich super mit meinem Vater und meiner Mutter, ich habe einen Ausbildungsplatz und habe meine Freundin. Es kann eigentlich gar nicht mehr besser laufen, finde ich.

***

FRAGE: Wie werden Sie sich zukünftig im Verkehr verhalten?

ANTWORT: Ganz klar, Sie werden sich an die Gesetze und Regeln halten und sich an den Straßenverkehr anpassen. Und auch Rücksicht auf andere Mitmenschen nehmen.

***

FRAGE: Was ist die Ermahnung im Punktesystem?

ANTWORT: Wer bis zu drei Punkte in Flensburg sammelt, ist dort lediglich vorgemerkt.

Bei vier bis fünf Punkten erhält der Verkehrsteilnehmer eine gebührenpflichtige Ermahnung (Kostenpunkt: 25 Euro).

Durch die Teilnahme an einem Seminar kann man einen Punkt abbauen. Dieses Seminar beinhaltet vier Sitzungen zu Verkehrspädagogik und Verkehrspsychologie und kostet insgesamt rund 400 Euro.

Beim sechsten und siebten Punkt gibt es eine schriftliche Verwarnung, die erneut 25 Euro kostet. Die Chance für das Seminar ist dann vertan, Punkte abbauen ist nicht mehr möglich.

Beim achten Punkt ist der Führerschein weg, weil man zum Führen von Kraftfahrzeugen nicht geeignet ist. Erst nach einer medizinisch-psychologischen Untersuchung kann man ihn neu beantragen, frühestens nach sechs Monaten.

Sammelt ein Fahrer innerhalb kurzer Zeit viele Punkte, überschreitet er womöglich auch ohne vorherige Ermahnung die kritische Marke von sechs Punkten. Dann wird der Stand auf fünf heruntergesetzt.

***

FRAGE: Wann verfallen die Punkte?

ANTWORT:

» Ordnungswidrigkeiten mit einem Punkt verfallen nach 2,5 Jahren.
» Ordnungswidrigkeiten oder Straftaten mit zwei Punkten werden nach fünf Jahren getilgt.
» Straftaten mit drei Punkten bleiben zehn Jahre lang im Register.

FRAGE: Was versteht man unter Fahreignung?

ANTWORT: Unter Fahreignung versteht man die körperliche Eignung, die geistige Eignung (zum Beispiel Reaktionsfähigkeit) und die charakterliche Eignung wie die persönliche Zuverlässigkeit. Fahreignung ist ein unbestimmter Rechtsbegriff.

Vgl. auch § 2 Abs. 4 StVG:
(4) Geeignet zum Führen von Kraftfahrzeugen ist, wer die notwendigen körperlichen und geistigen Anforderungen erfüllt und nicht erheblich oder nicht wiederholt gegen verkehrsrechtliche Vorschriften oder gegen Strafgesetze verstoßen hat.

***

FRAGE: Welche Struktur ist bei der Aufarbeitung der verkehrs- und/oder strafrechtlichen Verstöße zu beachten?

ANTWORT:

1. Wir haben zunächst das nonkonforme Verhalten. Das ist Unaufmerksamkeit, Fehlinterpretationen, Bequemlichkeit, Selbstüberschätzung, Imponiergehabe, aggressives Fahren.
2. Das führt zu verkehrs- und strafrechtlichen Verstößen.
3. Es muss Ursachen für dieses Fehlverhalten geben. „Auch“ massive Anlässe wie Ehekrach oder Arbeitsverlust reichen dafür nicht aus.

***

FRAGE: Wie kann man dem Psychologen vermitteln, dass tatsächlich eine stabile Verhaltensänderung eingetreten ist?

ANTWORT: Die Antwort auf diese Frage ist wahrscheinlich das Kernstück der ganzen MPU. Sie lautet:

- Frühere Sachverhalte ehrlich schildern
- Nichts verharmlosen
- Entwicklung der neuen Überzeugung genau beschreiben
- Mit zusätzlichen Informationen füttern, was dadurch wann und wo passiert ist.

E: Fragen zu Straftaten mit/ ohne Verkehrsbezug

Die Kapitel Punkte und Straftaten gehören zusammen, denn es handelt sich nach den Beurteilungskriterien nur um graduell unterschiedliche Stufen abnehmender Kontrollfähigkeit und zunehmender Impulsivität. Aus didaktischen Gründen wurden zwei Kapitel eingerichtet, denn die Punktesünder sind als Kunden weitaus in der Überzahl gegenüber den sogenannten schweren Jungs.

Deshalb arbeiten Sie als Betroffener bitte beide Kapitel durch.

FRAGE: Welche Konsequenzen hat die Strafe bewirkt?

ANTWORT: Hier ist wieder eine ehrliche, nachdenkliche Antwort erforderlich.

Wem die Missachtung von Verkehrsregeln und die damit verbundene Strafe gleichgültig ist, der lässt ein unangepasstes soziales Verhalten erkennen. Ein Minuspunkt!

***

FRAGE: Was bedeutet „Regeltreue"?

ANTWORT: Die Erwartung, dass der Klient zukünftig keine Straftaten mehr begehen wird.

<u>Beispiel:</u> „Eine heute noch vorhandene Regeluntreue war nicht erkennbar. Herr XX konnte einen angemessenen Umgang mit Normen und Gesetzen schildern und es ist davon auszugehen, dass er

nun motiviert und fähig ist, diese einzuhalten.

Beispiel: Die Veränderungen in Einstellungen und Verhalten sind konkret und auf Dauer angelegt, sie haben sich weitgehend stabilisiert und werden von Herrn XX als zufriedenstellend erlebt. Auch von seinen Arbeits- und Lebensbedingungen geht kein destabilisierender Einfluss aus."

***

FRAGE: Schildern Sie Ihre Deliktvorgeschichte!

ANTWORT: Berichten Sie so genau wie möglich über jedes Delikt. Nennen sie das konkrete Datum und möglichst auch die Uhrzeit. Erklären Sie die Ursachen und näheren Umstände der Verkehrsauffälligkeiten. Deshalb sollten Sie genau wissen, was wann passiert ist, und den jeweiligen Vorfall sachlich darstellen und nicht bagatellisieren:

09.09.2021:
Körperverletzung (AAK 0,87 mg/L und 1,67 Promille um 01.51 Uhr), Urteil vom 21.02.2013 durch das AG Z

11.10.2019:
Körperverletzung (auf die Beamten habe der Klient einen stark alkoholisierten Eindruck gemacht, ein freiwilliger Alkoholtest wurde abgelehnt), Urteil AG Z vom 03.02.2015

12.05.2015:
Im polizeilichen Führungszeugnis ist ein Fahrverbot von acht Monaten und zwei Tagen aus Spanien wegen Fahrens unter Einfluss von Alkohol oder Betäubungsmitteln oder psychotropen Substan-

zen vermerkt.

28.08.2016:
Fahrlässige Trunkenheit im Verkehr (BAK 1,82 Promille um 06.17 Uhr, Fahrt und Sturz mit dem Krad gegen 04.25 Uhr)

KOMMENTAR: *Der Umfang Ihrer Untaten ist dem Psychologen aus den Akten bekannt. Er will alles noch einmal von Ihnen hören, weil er aus Ihrer Erzählweise Rückschlüsse ziehen kann.*

***

FRAGE: Sollen Sie Ihre persönliche Deliktgeschichte vollständig und korrekt wiedergeben?

ANTWORT: Unbedingt.

KOMMENTAR: *Wenn Sie negative Details verschweigen oder bereits vergessen haben, dann denkt der Psychologe: Erfahrungsgemäß erinnert man sich besonders gut an einen Vorgang, wenn man sich damit genau auseinandergesetzt hat, wenn die einschneidenden Erfahrungen angemessen verarbeitet wurden. Sind die Erinnerungen lückenhaft, spricht das für eine eher abwehrende Haltung, für eine ungünstige Art der Verarbeitung eigenen Fehlverhaltens und damit für eine fehlende Klärung der Problematik und der Bedingungen der von wiederholten Verstößen geprägten Verkehrsbiographie.*

***

FRAGE: Wie konnten so viele Delikte zusammenkommen?

ANTWORT: Der Alkohol sei dazu gekommen. Wenn er nüchtern gewesen sei, habe er nie Probleme gehabt. Es sei immer nur mit dem Alkohol gewesen.

KOMMENTAR: *Schildern Sie offen, detailliert und nachvollziehbar die Entwicklung Ihres Fehlverhaltens. Denken Sie daran, das ist Geschichte, das ist abgeschlossen. Das will Ihnen auch der Psychologe nicht vorhalten.*

***

FRAGE: In welcher psychischen Verfassung waren Sie bzw. mussten Sie sich befunden haben, damit so „etwas" (so oft) passieren konnte?

ANTWORT: Schildern Sie Ihre damalige Situation so genau wie möglich.

***

FRAGE: Der Psychologe fragt nach: Welche Besonderheiten gab es in Ihrem Leben im Zeitraum der Übertretungen (welche Umstände waren es?), denn es fällt auf, dass Sie Jahre lang ohne Auffälligkeiten am Straßenverkehr teilgenommen hatten und dann, zwischen Oktober 2020 und April 2021 fünf Punkte produziert haben?

ANTWORT: Schildern Sie Ihre damalige Situation so genau wie möglich.

***

FRAGE: Wie war Ihre Gefühlslage bei diesen Delikten?

ANTWORT: Schildern Sie Ihre damalige Gefühlslage.

KOMMENTAR: *Wer illegale Kraftfahrzeugrennen veranstaltet, muss ein besonderes Verhältnis zum Schnellfahren entwickelt haben. War es ein Lustgefühl, schnell zu sein? War es ein Machtgefühl, schneller als andere zu sein? Mit den Ursachen Ihres Fehlverhaltens haben Sie sich sicher auseinandergesetzt.*

***

FRAGE: Was hätte bei den jeweiligen Delikten passieren können?

ANTWORT: Hier wird Ihre soziale Verantwortung angesprochen.

KOMMENTAR: *Sie hätten mit Ihrer Raserei unendliches Leid über andere Menschen bringen können, wenn Sie andere getötet oder schwer verletzt hätten. Außerdem hätten Sie riesige finanzielle Schäden verursachen können.*

***

FRAGE: Was hat Sie damals so wütend gemacht, woher sind die Aggressionen gekommen?

ANTWORT: Erklärungsversuch: Sein Vater sei früher schnell laut geworden, wie ein halber Choleriker, er habe ihn schnell angeschrien, ihn aber nie geschlagen. Es schüchtere einen ein. Es könnte auch von der Schule her sein, er sei nie der Beste gewesen. Er sei auch noch echt dick gewesen, er sei gehänselt worden, verarscht. Das habe sich gestaut.

KOMMENTAR: *Der Psychologe: Er hat seine negativen Erfahrungen* *in der Schulzeit und in der Beziehung zum Vater als Auslöser und Verstärker bei seinen begangenen Körperverletzungen benennen können.*

***

FRAGE: Wie kann eine Verhaltensänderung gelingen?

ANTWORT: Der Knackpunkt sei der Unfall gewesen. Er habe von sich ausgesagt, er müsse sich ändern, sonst lebe er nicht mehr lange. Er sei damals schon ein Mensch ohne Schule gewesen, er habe aus Fehlern gelernt, er habe sich ab da geändert und es auch eingesehen. Er habe noch vier, fünf gute Freunde von früher, die würden nicht mehr so viel trinken, einer sei Vater geworden und sie würden alle arbeiten. Wenn er den Schnaps nur rieche, empfinde er es als ekelhaft. Es fehle ihm nicht, er brauche es nicht mehr. Er habe den Alkoholverzicht knapp eineinhalb Jahre belegt.

KOMMENTAR: *Der Psychologe: Das Vorhaben des Klienten, nachdem er in seinem Alkoholverzicht eine auf Dauer ausgelegte Verhaltenskorrektur sieht, leistet einen wichtigen Beitrag in punkto Verhaltens- und Impulskontrolle, so dass weitere aggressive Verhaltensausbrüche nicht mit einer erhöhten Wahrscheinlichkeit zu erwarten sind. Seine sportlichen Aktivitäten stellen zudem eine Möglichkeit dar, sich im Fall der Fälle abzureagieren und sich wieder zu sammeln und zu fokussieren.*

***

FRAGE: Welchen Nutzen haben Sie aus den Gesprächen mit dem Verkehrspsychologen gezogen?

ANTWORT: Er habe alles aufarbeiten müssen, was er angestellt habe. Sein Psychologe habe auch gesagt, er habe relativ viele Straftaten, da werde das länger. Er sei bis März 2022 14 Mal bei ihm gewesen und jetzt insgesamt 23 Stunden.

KOMMENTAR: *Die Gespräche mit dem Verkehrspsychologen sind ein Pfund, mit dem es zu wuchern gilt. Berichten Sie ausführlich, beschreiben Sie das Substrat der Gespräche und den Gewinn, den Sie daraus ziehen konnten. Denken Sie daran, Ihr Gegenüber ist auch Verkehrspsychologe. Wichtiges Element Ihrer Story.*

***

FRAGE: Was ist denn der Sinn einer Fahrerlaubnis?

ANTWORT: Gute Antwort: „Man braucht Regeln, damit man mit den Mitmenschen zusammenleben kann. Ohne Regeln gäbe es ja nur Chaos. Man muss sich in der Gesellschaft anpassen und das habe ich damals beim Schwarzfahren nicht gemacht."

KOMMENTAR: *Überlegung des Psychologen dazu: Aus der Tatsache, dass es bei dem Klienten seit Jahren zu keiner weiteren Auffälligkeit mehr gekommen ist, kann geschlossen werden, dass bei ihm eine bedeutsame Einstellungs- bzw. Verhaltensänderung stattgefunden hat. Er hat inzwischen die Verantwortung für sein Handeln übernommen und ist in seiner Persönlichkeit nachgereift.*

***

FRAGE: Werden Sie zukünftig weiter gegen verkehrsrechtliche Bestimmungen verstoßen?

ANTWORT: Hier genügt es nicht, überzeugend zu versichern, dass das Fahrverhalten in Zukunft korrekt sein wird. Gute Vorsätze sind zwar wichtig, lassen sich aber nicht ohne Schwierigkeiten realisieren. Deshalb müssen Sie neue und bisher nicht erprobte Verhaltensweisen einüben. Sie müssen abrufbare Strategien für die üblichen Verkehrsverstöße entwickelt haben, die Sie vortragen können.

KOMMENTAR: *Die Änderung ist als stabil anzusehen, wenn sie aufgrund einer angemessenen und nachvollziehbaren Motivation vorgenommen wird, wenn Sie über eine ausreichende Durchsetzungskompetenz verfügen und die Bedingungen, die das frühere Verhalten aufrechterhielten nicht mehr vorhanden oder nicht mehr wirksam sind.*

***

FRAGE: Nehmen Sie Veränderungen bei sich wahr?

ANTWORT: Er trinke seit dem Motorradunfall keinen Tropfen mehr. Er sei auf Reha gewesen, danach sei es nicht schwer gewesen. Keiner der Freunde habe ihn animiert, sie hätten es verstanden. Sie seien langsam in einem Alter, wo es nicht nur ums Feiern gehe. Er vermisse den Alkohol überhaupt nicht. Vorteile beim Alkoholverzicht seien seine Gesundheit, er spare einen Haufen Geld, es gehe ihm gut, er habe keinen Kater und er habe sich früher blamiert, heute sei er klar bei Sinnen. Es habe nur Vorteile und ob er ein Spezi trinke oder ein Radler, würde keinen Unterschied machen, er bleibe beim Spezi.

***

FRAGE: Wie werden Sie sich zukünftig verhalten?

ANTWORT: Ganz klar, Sie werden sich an die Gesetze und Regeln halten und sich an den Straßenverkehr anpassen. Und auch Rücksicht auf andere Mitmenschen nehmen.

***

FRAGE: Was ist ein Aggressionsdelikt?

ANTWORT: Ein Beispiel:
Ein offensichtlich höchst genervter Vater fährt mit seinem Auto voller Kinder auf der Bundesstraße und reicht den Kindern wild gestikulierend immer wieder Getränke nach hinten. Dabei überfährt er ab und zu den Mittelstreifen. Ein hinter ihm fahrender Polizist in einem zivilen PKW hupt deshalb, um ihn auf sein Fehlverhalten hinzuweisen. Daraufhin zeigt ihm unser Klient sofort den Stinkefinger. Als der Polizist das Fahrzeug überholt, wird ihm erneut der Stinkefinger präsentiert. Das reicht, Kelle raus, rechts ran, Strafverfahren wegen Beleidigung!

Aggressionsdelikte im Straßenverkehr können empfindliche Geldstrafen, einen Führerscheinentzug oder die MPU zur Folge haben.

***

FRAGE: Wie lang muss gemäß den Beurteilungskriterien der Zeitraum der Legalbewährung sein?

ANTWORT: Klienten mit verkehrs- und strafrechtlichen Auffälligkeiten, bei denen eine Störung der Persönlichkeit vorliegt, können den Führerschein zurückbekommen. Voraussetzung ist ein bestimmter Zeitraum des unauffälligen Verhaltens (Legalbewährung).

Der Zeitraum beträgt nach therapeutisch unterstütztem Änderungsprozess in Form einer gezielten verkehrsbezogenen Verhaltenskontrolle zwölf Monate, frühestens sechs Monate.

Der Klient, der keine therapeutische Hilfe in Anspruch genommen hat, muss ein unauffälliges Verhalten von zwei Jahren nachweisen, bei geringerer Problemausprägung mindestens 15 Monate.

Klienten mit (nur) verminderter Kontroll- und Anpassungsfähigkeit die - in der Regel mit verkehrspsychologischer Unterstützung - Bewältigungsstrategien entwickelt und stabilisiert haben, können bereits nach drei Monaten Legalbewährung ihren Führerschein zurückbekommen.

F: MPU wegen Krankheit

Eine MPU kann aufgrund von Krankheit oder gesundheitlichen Einschränkungen veranlasst werden, wenn Bedenken hinsichtlich der Fähigkeit zur Verkehrsteilnahme bestehen. Gründe für eine solche MPU können bestimmte Krankheiten oder Einschränkungen sein, die Einfluss auf die motorischen oder geistigen Fähigkeiten haben oder unvorhersehbare Auswirkungen verursachen können. Die Voraussetzungen für den Erhalt oder die Erneuerung eines Führerscheins beinhalten umfassende medizinische Mindestanforderungen, die in der Verordnung über die Zulassung von Personen zum Straßenverkehr (Fahrerlaubnis-Verordnung - FeV), insbesondere in den Anlagen 4 und 6, detailliert aufgeführt sind.

So müssen z.B. Autofahrer eine Sehstärke von mindestens 0,5 mit Brille oder Kontaktlinsen aufweisen, um den Sehtest (§ 12 Absatz 2) zu bestehen. Der Sehtest gilt als bestanden, wenn die zentrale Tagessehschärfe mit oder ohne Sehhilfen mindestens beträgt: 0,7/0,7.

Wenn eine Augenkrankheit diagnostiziert wird, ist der Autofahrer verpflichtet, regelmäßig seine Sicht von einem Arzt prüfen zu lassen. Wenn der Bewerber den Sehtest nicht besteht, ist eine augenärztliche Untersuchung erforderlich. Diese Untersuchung beinhaltet unter anderem die Überprüfung von Sehschärfe, Gesichtsfeld, Dämmerungs- oder Kontrastsehen, Blendempfindlichkeit, Diplopie sowie anderen Störungen der Sehfunktion, die das sichere Fahren beeinträchtigen könnten. Die Mindestanforderungen, die erfüllt werden müssen, sind in der Verordnung über die Zulassung von Personen zum Straßenverkehr (Fahrerlaubnis-Verordnung - FeV) Anlage 6, Anforderungen an das Sehvermögen, detailliert aufgeführt.

Personen, die an Erkrankungen des Bewegungsapparates leiden, welche das Nutzen eines Fahrzeugs erschweren, sollten keinen Führerschein erhalten.

Personen mit Bewegungsbehinderungen können ggf. auf bestimmte Fahrzeugarten oder Fahrzeuge mit besonderen technischen Vorrichtungen gemäß ärztlichem Gutachten beschränkt werden. Ein medizinisch-psychologisches Gutachten und/oder ein Gutachten eines amtlich anerkannten Sachverständigen oder Prüfers kann gegebenenfalls erforderlich sein. Auflagen können regelmäßige ärztliche Kontrolluntersuchungen beinhalten, welche entfallen können, wenn die Behinderung stabilisiert ist.

Bei Herz-Kreislauf-Erkrankungen muss ein Arzt die Fahrtauglichkeit bescheinigen. Bei Herzrhythmusstörungen mit anfallsweiser Bewusstseinstrübung oder Bewusstlosigkeit besteht keine Fahrtauglichkeit, nach erfolgreicher Behandlung durch Arzneimittel oder Herzschrittmacher jedoch schon. Ausführliche Erläuterungen dazu stehen in der Verordnung über die Zulassung von Personen zum Straßenverkehr (Fahrerlaubnis-Verordnung - FeV) Anlage 4.

Für psychische (geistige) Störungen gilt, bei akuten organische Psychosen nein, nach Abklingen ja, abhängig von der Art und Prognose des Grundleidens, wenn bei positiver Beurteilung des Grundleidens keine Restsymptome mehr vorliegen.

Menschen mit messbar auffälliger Tagesschläfrigkeit brauchen eine Bescheinigung vom Arzt über die Fahrtauglichkeit, die bestätigt, dass nach Behandlung keine messbare auffällige Tagesschläfrigkeit mehr vorliegt. Hierzu gehört auch das obstruktive Schlafapnoe Syndrom (OSAS) mittelschwer/schwer (mittelschwer: Apnoe-Hypopnoe-Index zwischen 15 und 29 Aussetzern pro Stunde; schwer:

Apnoe-Hypopnoe-Index von mind. 30 pro Stunde).

Autofahrer mit Störung des Gleichgewichtssinnes können in der Regel keinen Führerschein behalten.

Ebenso wenig können Personen mit geistiger Störung, z.B. bei schwerer Altersdemenz und schweren Persönlichkeitsveränderungen durch pathologische Alterungsprozesse einen Führerschein behalten.

Die MPU-Anordnung bezieht sich auf die spezifische Krankheit oder Einschränkung und fragt, ob eine Person trotz dieser Erkrankung in der Lage ist, sicher ein Kraftfahrzeug zu führen.

Die Vorbereitung auf eine MPU wegen Krankheit oder gesundheitlichen Einschränkungen sollte auf alle Aspekte ausgerichtet sein, insbesondere auf die medizinischen, die den Schwerpunkt der Untersuchung darstellen. Dazu gehört, dass eine ausführliche medizinische Dokumentation bereitgestellt wird, die den Krankheitsverlauf und die Behandlungen umfasst. Zusätzlich sollte man sich über die Auswirkungen der Krankheit auf die Fähigkeit zum Führen von Kraftfahrzeugen informieren und ggf. ein externes medizinisches Gutachten vorlegen, das dies bestätigt. In jedem Fall ist es empfehlenswert, professionelle Hilfe von einem Fachanwalt oder Verkehrsexperten in Anspruch zu nehmen, um die besten Chancen auf ein positives MPU-Ergebnis zu haben.

G: Spezielle Problemfelder

1) Kontrolliertes Trinken

In den Beurteilungskriterien, 4. Auflage, wird in der Hypothese A 3 die Frage aufgeworfen, ob eine Verkehrsteilnahme unter dem Einfluss von Alkohol zuverlässig vermieden werden kann, auch wenn gelegentlich Alkohol konsumiert wird. Auf Deutsch, kann man ein ordentlicher Verkehrsteilnehmer sein, auch wenn man gelegentlich Alkohol trinkt?
Eine mögliche Lösung für den Klienten, der in der Vergangenheit Alkoholprobleme hatte und deshalb zur MPU muss, ist das Konzept des kontrollierten Trinkens. Dies bedeutet, dass der Klient gelegentlich Alkohol trinken kann, aber dennoch ein verantwortungsbewusster Verkehrsteilnehmer bleibt.

Ein Beispiel: Der Klient hatte zuvor Alkoholprobleme, wie gesteigerte Alkoholgewöhnung, unkontrollierte Trinkepisoden oder ausgeprägtes Entlastungstrinken. Er hat Alkohol konsumiert, um soziale Defizite zu kompensieren, sein Selbstwertgefühl zu steigern oder um Belastungssituationen zu bewältigen. Der Klient hat jedoch sein Trinkverhalten über eine ausreichende Dauer verändert. Sein Alkoholkonsum findet in einem für ihn überschaubaren Rahmen statt. Er kann ihn konkret z.B. hinsichtlich der Häufigkeit der Trinksituationen, der Trinkmengen, der Art der alkoholischen Getränke, und des zeitlichen Verlaufs benennen. Der Klient hat seinen reduzierten Alkoholkonsum auch bei besonderen Anlässen und Trinksituationen eingehalten, die in der Vergangenheit mit einem hohen Alkoholkonsum verbunden waren. Die Häufigkeit der Trinkanlässe hat sich reduziert.

Diese Verhaltensänderung bezüglich des Alkoholkonsums kann als stabil bewertet werden. Dafür sprechen verschiedene Faktoren: Der Klient hat nachgedacht, wie er seine Verhaltensänderung dauerhaft aufrechterhalten kann. Er hat Strategien entwickelt, um gesellschaftlichen Verführungssituationen zum Alkoholkonsum zu begegnen, sein berufliches Umfeld hat sich vielleicht verändert und seine finanziellen Probleme wurden vielleicht gelöst. Außerdem hat er seine sozialen Kontakte und Freizeitaktivitäten geändert, um seinen Alkoholkonsum zu reduzieren. Der Klient hat auch gelernt, Beanspruchungen zu bewältigen und verfügt über ein breites Spektrum an Strategien zur Belastungsbewältigung. Er hat ein stabiles Selbstwertgefühl. Die Verhaltensänderung kann auch als stabil gewertet werden, da der Klient über ausreichende Durchsetzungskompetenz verfügt und Bedingungen, die früher das Trinkverhalten aufrechterhielten, nicht mehr vorhanden sind.

Wie hoch ist der risikoarme Alkoholkonsum?

Der durchschnittliche Alkoholkonsum pro Tag bewegt sich im Bereich des risikoarmen Alkoholkonsums bei maximal fünfmal pro Woche zwei Standardgläsern für Männer bzw. einem Standardglas für Frauen. Als Standardglas wird eine Trinkeinheit mit ca. 12 g Alkohol bezeichnet, entsprechend 0,33 ein Bier, 0,125 ein Sekt oder 2-3 cl Spirituosen.

FRAGE: Wann liegt regelmäßiger Alkoholkonsum vor?

ANTWORT: Der regelmäßige und als risikoreich einzustufende Alkoholkonsum beginnt beim Konsum von zwei Standardgläsern pro Tag bei Frauen bzw. vier Gläsern bei Männern.

***

FRAGE: Was ist „kontrolliertes Trinken“?

ANTWORT: Kontrolliertes Trinken ist eine Alternative zur Alkoholabstinenz. Der Betroffene lernt hierbei, weniger Alkohol zu konsumieren und seinen Umgang damit zu kontrollieren. Er lernt, mit Alkohol verantwortungsvoll umzugehen.

KOMMENTAR: *Kontrolliertes Trinken wird nur ganz selten akzeptiert. Um die Prüfung zu bestehen, ist es einfacher, zukünftig auf Alkohol verzichten zu wollen.*

***

FRAGE: Wie können Sie nachweisen, dass Sie Alkohol nur noch kontrolliert konsumiert haben?

ANTWORT: Das kann etwa über eine Haaranalyse oder eine Untersuchung der Leberwerte geschehen.

***

FRAGE: Können Sie selbst entscheiden, ob Sie bei der MPU einen Abstinenznachweis vorlegen oder argumentieren, dass Sie jetzt Kontrolliertes Trinken praktizieren?

ANTWORT: Wenn die Straßenverkehrsbehörde einen Abstinenznachweis verlangt, müssen Sie ihn vorlegen. Es ist für den Einstieg in das Kontrollierte Trinken auch sinnvoll, erst einmal die sechsmonatige Abstinenz zu erbringen und danach das neue Trinkverhalten zu praktizieren.

***

FRAGE: Für wen kommt das Kontrollierte Trinken wohl nicht in Betracht?

ANTWORT: Wenn Alkoholabhängigkeit diagnostiziert wurde oder ein stark ausgeprägter Alkoholmissbrauch. Wenn Sie Wiederholungstäter sind oder mit 2,1 Promille erwischt wurden, dann wird es schwer sein, den Psychologen davon zu überzeugen, dass Sie zukünftig nur noch kontrolliert trinken werden.

***

FRAGE: Wie weisen Sie nach, dass Sie jetzt Kontrolliertes Trinken praktizieren?

ANTWORT: Anhand Ihrer Trink-Struktur, Ihrer Einsicht, Ihres Verhaltens. Letztlich müssen Sie den Psychologen davon überzeugen, dass sich ein neues Verhalten festgesetzt hat.

***

FRAGE: Wie sieht die neue Struktur konkret aus?

ANTWORT: Grundsätzlich sind Mengen und Anlässe variabel.

<u>Beispiel:</u>
Sie planen Ihre Trinkanlässe.
Sie konsumieren vier Tage im Monat Alkohol. Pro Konsumtag trinken Sie maximal zwei Bier zu 0,5 l.
Wenn Sie das Auto dabei haben, trinken Sie nichts.
Bei externen Geburtstagsfeiern übernachten Sie dort.

***

FRAGE: Muss das frühere Trinkverhalten aufgearbeitet worden sein?

ANTWORT: Unbedingt! Die Einsicht in Ihre Alkoholproblematik sollte möglichst mit Hilfe eines Verkehrspsychologen erfolgt sein. Sie müssen wissen, warum Sie getrunken haben. Z.B. Kompensation von Problemen, Stress, Belastungen.

***

FRAGE: Was folgt daraus?

ANTWORT: Sie müssen heute mit den Problemen, mit Stress und Belastungen anders umgehen können. Beispielsweise lösen Sie Beziehungsprobleme mit der Tochter im Gespräch mit anderen Eltern. Bei Problemen verkriechen Sie sich nicht mehr, sondern gehen direkt auf die Leute zu und fragen nach. Diese Veränderungen im eigenen Verhalten müssen überzeugend rüberkommen!

***

FRAGE: Nennen Sie Folgen des geänderten Umgangs mit Alkohol?

ANTWORT: Lob von Bekannten, wirtschaftlicher Erfolg, harmonischer Umgang in der Familie, körperliches Wohlbefinden.

2) Gelegentlicher Cannabiskonsum

In den Beurteilungskriterien, 4. Auflage, wird in der Hypothese D 4 die Frage aufgeworfen, ob eine Verkehrsteilnahme unter dem Einfluss von THC zuverlässig vermieden werden kann, auch wenn gelegentlich Cannabis konsumiert wird. Auf Deutsch, kann man ein ordentlicher Verkehrsteilnehmer sein, wenn man gelegentlich Cannabis raucht?

Die Antwort lautet, dass es möglich ist, eine zuverlässige Trennung von Konsum und Fahren zu erreichen, solange bestimmte Anforderungen erfüllt sind. Der Klient konsumiert z.B. ausschließlich Cannabis und keine anderen Drogen, raucht nicht gleichzeitig mit dem Trinken von Alkohol und konsumiert nicht regelmäßig oder gewohnheitsmäßig. Die Konsumeinheit ist nicht größer als 0,25 bis 1 g Haschisch, und er hält keinen Vorrat von mehr als 10 g. Er baut auch keine eigenen Hanfprodukte an und ist nicht der Drogenszene verhaftet. Der Klient hat wichtige Freizeitinteressen und Lebensziele.

Die Anforderungen an das Trennverhalten müssen erfüllt sein, einschließlich Trennbereitschaft und Trennvermögen. Der Klient ist motiviert, den Konsum von Cannabis und die Verkehrsteilnahme voneinander zu trennen. Er ist sich bewusst, dass er nicht am Straßenverkehr teilnehmen sollte, solange aktives THC im Blut nachweisbar ist (in der Regel sechs bis zwölf Stunden nach dem Konsum), und er hält diesen angemessenen Sicherheitsabstand ein.

Der Klient verfügt über eine realistische Einschätzung der Wirkungsweise und Wirkungsdauer der konsumierten Cannabisprodukte, was es ihm ermöglicht, eine zuverlässige Trennung von Konsum und Fahren zu erreichen (Trennvermögen). Obwohl die

Wirkstoffmengen schlecht vorhersehbar sind und es atypische Verläufe geben kann, berücksichtigt der Klient dies bei seiner Verhaltensplanung vor einer Verkehrsteilnahme. Die Verhaltensplanung ist konkret und der Klient hat genug Charakterstärke, um sie umzusetzen. Insgesamt kann der Klient durchaus in der Lage sein, ein zuverlässiger Verkehrsteilnehmer zu sein, solange er die Anforderungen an das Trennverhalten erfüllt.

***

FRAGE: Wann liegt regelmäßiger Konsum von Cannabisprodukten vor?

ANTWORT: Ein regelmäßiger Cannabiskonsum wird bei täglichem bzw. nahezu täglichem Konsum angenommen.

***

FRAGE: Was bedeutet regelmäßiger Cannabiskonsum für Ihren Führerschein?

ANTWORT: Die Voraussetzung für die Entziehung der Fahrerlaubnis durch die Fahrerlaubnisbehörde ist immer gegeben, auch wenn Sie nicht am Steuer gesessen haben.

***

FRAGE: Wann ist Cannabiskonsum als gelegentlich einzustufen?

ANTWORT: Wenn Sie Cannabis mehr als einmal konsumiert haben, also zwei bis dreimal wöchentlich.

FRAGE: Wie kann die Fahrerlaubnisbehörde feststellen, ob gelegentlicher oder täglicher Konsum von Cannabisprodukten vorliegt?

ANTWORT:

» Mitteilung der Polizei oder Staatsanwaltschaft
» bei Durchsuchung gefundene Mengen an Cannabis/Haschisch/Marihuana sowie Gerätschaften (z.B. extralanges Zigarettenpapier, Grinder, Bong)
» eigene Angaben des Betroffenen
» Blutwerte

***

FRAGE: Bei welchem Blutwert liegt ein Verstoß gegen das Trennungsgebot vor?

ANTWORT: Ab einem Grenzwert von 1 Nanogramm THC pro Milliliter Blut wird angenommen, dass die Fahrtüchtigkeit beeinträchtigt ist. Deshalb liegt ein Verstoß gegen das Trennungsgebot vor, wenn der Betroffene mit mindestens 1,0 ng/THC im Blutserum ein Kfz geführt hat.

***

FRAGE: Welche Blutwerte verraten diesbezügliche Konsumgewohnheiten?

ANTWORT: Mit 100,0 ng/mL THC-COOH (Abbauprodukt Carbonsäure) im Blut liegt gelegentlicher Konsum vor.

FRAGE: Wie weisen Sie nach, dass bei Ihnen nur gelegentlicher

Cannabiskonsum vorliegt?

ANTWORT: Das geschieht mithilfe der MPU. Sie überzeugen den Psychologen davon, dass Sie

1. außer Cannabis keine anderen Drogen konsumieren
2. Cannabisprodukte nicht gleichzeitig mit Alkohol konsumieren,
3. nicht regelmäßig Cannabis konsumieren,
4. nur kleine Mengen Haschisch verbrauchen, 0,25 – 1 g Haschisch oder Marihuana
5. keinen Eigenanbau von Hanfprodukten betreiben,
6. nicht in einer Drogenszene verhaftet sind,
7. nicht die Gefahren von Cannabis bagatellisieren,
8. die Wirkungsweise und die Wirkungsdauer von Cannabisprodukten realistisch einschätzen.

***

FRAGE: Wie weisen Sie nach, dass Sie Haschischkonsum und Fahren zuverlässig trennen können und zukünftig trennen werden?

ANTWORT: Das geschieht mithilfe der MPU. Sie überzeugen den Psychologen davon, dass Sie

1. mit dem Stoff verantwortungsvoll umgehen,
2. sich bewusst sind, dass auch in der Phase nach dem Rausch Leistungseinschränkungen fortbestehen können,
3. so planen, dass Sie nicht fahren, solange aktives THC im Blut nachweisbar ist (in der Regel sechs bis zwölf Stun-

den nach dem Konsum),
4. die Gefahr der verzögerten und unerwarteten Wirkungen (atypische Verläufe) nach dem Cannabiskonsum einplanen,
5. vor einer Verkehrsteilnahme die wesentlichen spezifischen Risiken von Cannabisauswirkungen auf die Fahrtüchtigkeit berücksichtigen.
6. Außerdem werden Sie überzeugend darlegen, dass Sie sich mit dem Rückfallrisiko beschäftigt habe (also im Zweifel immer ein Taxi rufen werden).

3) Die Fahrverhaltensbeobachtung (FVB)

Die verkehrspsychologische Fahrverhaltensbeobachtung kommt in Betracht, wenn der Klient zwar im medizinischen und psychologischen Teil alles „bestanden“ hat, jedoch an den Tests gescheitert ist. Dann wird eine Fahrverhaltensbeobachtung mit standardisierter Aufgabenschwierigkeit durchgeführt. Die Fahrt dauert ca. eine Stunde und führt über eine Strecke mit unterschiedlich komplexen Verkehrssituationen und ausgewogenen Anteilen innerhalb und außerhalb geschlossener Ortschaften. Dabei wird eine Reihe definierter Verhaltenskategorien (z. B. Spur-, Geschwindigkeits- oder Abstandsverhalten) gezielt registriert. Die Fahrt findet in einem Fahrschulwagen der Klasse B mit einem begleitenden Fahrlehrer und mit einem verkehrspsychologischen Gutachter statt.

FRAGE: Wie hoch ist die Durchfallquote?

ANTWORT: Von gut unterrichteten Kreisen wissen wir, dass bei der psychologischen Fahrverhaltensbeobachtung kaum jemand durchfällt. (Prof. Dr. Fastenmeier: Den meisten Personen, bei denen bei der Testung Leistungsmängel festgestellt wurden, gelingt es im Rahmen einer FVB zu zeigen, dass sie diese Leistungsmängel kompensieren können.)

***

FRAGE: Wer erteilt den Gutachtenauftrag?

ANTWORT: Die Verwaltungsbehörde

***

FRAGE: Können Sie die Fahrschule bestimmen, mit der die Fahrverhaltensbeobachtung durchgeführt wird?

ANTWORT: Ja, das kann eine ortsansässige Fahrschule sein. Einige Fahrschulen haben sich auf diese Prüfung spezialisiert und bieten ihre Leistungen im Internet an.

***

FRAGE: Wer sitzt im Auto?

ANTWORT: Die Fahrverhaltensbeobachtung darf nur mit einem Fahrlehrer und einem Fahrschulauto durchgeführt werden!

Sie fahren, der Fahrlehrer sitzt auf dem Beifahrersitz und der (Verkehrs)-Psychologe sitzt hinter dem Fahrlehrer. Sie haben 15 Minuten Eingewöhnungsphase und danach dauert die Fahrt etwa 45 Minuten.

***

FRAGE: Was wird überprüft?

ANTWORT: Überprüft wird das korrekte Verhalten im Straßenverkehr (sozialverträgliche Fahrweise). Das wird im wirklichen Verkehr angeblich auf einer mindestens 15 Kilometer langen standardisierten Strecke durchgeführt. Es geht dabei unter anderem um Abstands- und Spurverhalten. Alles wird gründlich auf einem Protokollbogen dokumentiert.

***

FRAGE: Was sind weitere typische Fahraufgaben?

ANTWORT:

» Abbiegen in bevorrechtigte Straßen
» Linksabbiegen auf Fahrbahnen mit Gegenverkehr
» Durchführen von Fahrstreifenwechseln
» Befahren von Kreuzungen mit Lichtzeichenanlage
» Befahren von Kreuzungen mit Stoppschild
» Heranfahren an und Passieren von Fußgängerüberwegen
» Passieren von Haltestellen öffentlicher Verkehrsmittel
» Abbiegen unter besonderer Berücksichtigung von Radfahrern
» Fahren nach Wegweisern
» Verhalten bei mehrfacher oder unvorhergesehener Belastung

***

FRAGE: Entstehen weitere Kosten?

ANTWORT: Die Begutachtungsstelle für Fahreignung erhebt zusätzliche Gebühren für die psychologische Fahrverhaltensbeobachtung. Laut Internet liegen die Kosten bei über 200 €. Dazu kommen die Kosten für die Fahrschule.

***

FRAGE: Was sind Rückmeldefahrten?

ANTWORT: Darunter werden begleitete Fahrten mit einer Dauer von 45 bis 60 Minuten verstanden, in denen Senioren zum Beispiel mit einem Verkehrspsychologen im ganz normalen Straßenverkehr unterwegs sind. „Das Ziel ist es, der Altersgruppe ab 75 eine Rückmeldung zu geben, wie fit sie für den Straßenverkehr ist und was sie möglicherweise auch noch besser machen kann.

H: Beispielgutachten

Die folgenden sechs Gutachten sind alle aus dem Jahr 2022. Sie wurden anonymisiert und gekürzt. Die vollständigen Gutachten sind zwischen 15 und 20 Seiten lang. Die gekürzten Versionen können einen Überblick vermitteln,

1. Alkoholgutachten mit Empfehlung nach § 70 FeV vom 30.08.2022 (gekürzt)

Fahreignungsgutachten
für Herrn XX
Geboren 1948
Untersucht im August 2022

Herr XX hat die Neuerteilung der Fahrerlaubnis der Klasse(n) A 1, A, AM, L, B, BE beantragt. Behördlicherseits bestehen jedoch erhebliche Bedenken bezüglich der Eignung des Untersuchten zum Führen von Kraftfahrzeugen. Diese Bedenken beziehen sich auf folgende Sachlage:

• 19.06.2011:
fahrlässige Trunkenheit im Verkehr mit 1,54 Promille.

• 29.01.2013:
Neuerteilung der Fahrerlaubnis.

• 01.06.2018:
vorsätzliche Trunkenheit im Verkehr gegen 20.57 Uhr mit 1,50 Promille zum Zeitpunkt der Blutentnahme um 22.08 Uhr.

Fragestellung der Verwaltungsbehörde

Ist zu erwarten, dass der Untersuchte auch zukünftig ein Kraftfahrzeug unter Alkoholeinfluss führen wird und/oder liegen als Folge eines unkontrollierten Alkoholkonsums Beeinträchtigungen vor, die das sichere Führen eines Kraftfahrzeuges in Frage stellen?

Vorgelegte medizinisch relevante Befunde

Laborwerte der Praxis CS ohne Hinweise auf einen alkoholischen Leberschaden (d. h. Gamma-GT im Normbereich).

Bescheinigung über die Teilnahme an einem Alkoholkontrollprogramm mittels Urinanalysen auf das Alkoholabbauprodukt Ethylglucuronid (EtG). Die Einbestellung erfolgte in unregelmäßigen Abständen und zu unvorhersehbaren Zeitpunkten.

Durchführende Stelle: Institut für Rechtsmedizin,

Kontrollzeitraum: 19.07.2021 bis 15.07.2022

Anzahl der Urinproben: 6

Untersuchungsmethode: LC-MS-MS Mindestbestimmungsgrenze: 100 ng/ml

Der Kreatininwert lag in allen Fällen im Normbereich. Dies spricht gegen eine Urinverdünnung durch Manipulation. In keiner der Proben fand sich Ethylglucuronid. Die Befunde sprechen somit für eine Alkoholabstinenz im oben genannten Kontrollzeitraum. Die Durchführung des Programms entsprach den geltenden CTU-Kriterien. Es ist somit gutachterlich verwertbar.

Exploration

Das psychologische Untersuchungsgespräch orientiert sich nach Inhalt, Ablauf und Zielsetzung an der behördlich vorgegebenen Fragestellung. Herr XX erhielt im Gespräch Gelegenheit, seine Sicht der aktenkundigen Vorgeschichte sowie seine Strategien zur künftigen Deliktvermeidung darzustellen. Die Wiedergabe des Untersuchungsgespräches beschränkt sich auf die Darstellung der Gesprächsinhalte, die für die Beurteilung und die Beantwortung der behördlichen Fragestellung bedeutsam sind.

Die Angaben des Untersuchten wurden schriftlich, zum Teil wörtlich protokolliert. Gegebenenfalls werden nachfolgend auch Daten aus der schriftlichen Befragung mit dargestellt.

Explorationsdaten

Untersuchungsgespräch von 13.17 bis 14.26 Uhr.

Über seine persönliche Situation machte Herr XX unter anderem die folgenden Angaben:

Er sei gelernter Elektro-Ingenieur, nun Rentner. Er lebe allein. Kinder habe er keine. Insgesamt beurteilt Herr XX seine gegenwärtige Lebenssituation als gut.

Die Frage, ob er habe Laborwerte machen lassen, bejahte der Untersuchte. Er habe Leberwerte machen sowie Urinproben auf Ethylglucuronid (EtG) untersuchen lassen.

Nach der Inanspruchnahme fremder Hilfe gefragt, sagte der Untersuchte: „Ja, ein Online-Kurs." Eine Bescheinigung darüber habe er jedoch nicht.

Auf die Frage, ob er wisse, warum die Behörde Zweifel an seiner Eignung zum Führen von Kraftfahrzeugen habe, antwortete der Untersuchte: „Eine Alkoholfahrt 2018. Ich will mein Führerschein natürlich gerne wieder für den Job. Ich bin drauf angewiesen, noch was zu verdienen."

Darauf angesprochen, dass er bereits am 19.06.2011 mit einer Trunkenheitsfahrt auffällig geworden sei, äußerte der Untersuchte: „Ja."

Nach seiner Trinkmenge im Vorfelde des Deliktes am 19.06.2011 gefragt und in welchem Zeitraum er Alkohol konsumiert habe, antwortete Herr XX: „Es war ein Familienfest. Wir waren im Privathaus am Strand zum Essen, am 18.06.2011. Ich bin hingefahren mit der Vorstellung nichts zu trinken. Mit einmal ging es los mit einem kleinen Schnaps. Dann eins, zwei, dann Wein, der Vorsatz wurde aufgeweicht. Ich hatte gar nicht mitgezählt, aber so 3 bis 4 Schnaps (2 cl) und 2 l Wein. Es war im Rahmen mit mehreren Familienmitgliedern. Es regnete stark am Tag darauf am 19.06.2011. Das Wetter wurde schlecht, es wurde gesagt, wir brechen ab. Es wurde erst geplant, den ganzen Tag noch dort zu verbringen. Ich habe mich dann entschieden zu fahren."

Von wann bis wann die Feier gewesen sei? .

„19.30 Uhr bis 3.00 oder 4.00 Uhr morgens am 19.06.2011, einen Sonntag." Wann er gefahren sei?

„Gegen 12.00 Uhr am 19.06.2011. Ich kam in Starkregen. Mein Auto war für Aquaplaning gar nicht geeignet, es ist in die Leitplanke. In dem Zusammenhang wurde ich kontrolliert."

Zu den Gründen der Trunkenheitsfahrt bzw. des vorangegangenen Alkoholkonsums gefragt, schilderte Herr XX: „Gesellig, lustig, Spaßfaktor. Noch einen, noch einen, es ergab sich so. Die Zeit spielte eine gewisse Rolle, es war über ein paar Stunden. Zum Essen, noch gut gegessen. Weil allgemein getrunken wurde."

Und warum er alkoholisiert gefahren sei?

„Es war halt schlechtes Wetter. Ich wollte schnell nach Hause kommen. Mit dem Schlafen und der Zeit hatte ich noch gedacht, dass der Alkohol raus ist oder weniger als 0,5 Promille. Und ich bin eher ein bisschen aufmerksamer gefahren."

Nachgefragt, wodurch der Unfall seiner Meinung nach verursacht worden sei, sagte der Untersuchte: „Das Aquaplaning, ich konnte praktisch gar nichts sehen. Ich bin irgendwie dagegen gekommen. Vielleicht fuhr auch jemand vorbei, hat das Auto nass gemacht. Die Wagen haben unterschiedliche Straßenlagen. Der Ford Mondeo, den ich hatte, der kann das mit dem Aquaplaning gar nicht."

Danach befragt, ob er sich nach der 1. Trunkenheitsfahrt bzw. nach Neuerteilung der Fahrerlaubnis am 29.01.2013 bzgl. des Alkoholkonsums oder der Vermeidung von Trunkenheitsfahrten etwas vorgenommen habe, antwortete Herr XX: „Ich fuhr Lkw als Fuhrunternehmer, ich bin selber Lkw gefahren. Es war nicht nur lukrativ, sondern psychisch auch belastend. Es war ziemlich hektisch. Man arbeitete auch lange. Man musste gut dabei sein."

Aber was er sich bezüglich Alkohol vorgenommen gehabt habe?

„Dass ich weniger trinke. Ich hatte ja keinen Führerschein mehr. Dass ich dann aufpassen müsste mit dem Autofahren, mit dem Trennen. Ich habe erstmal wenig getrunken, ein paar Gläschen am Wochenende. Wenn ich nicht fuhr, hatte ich mir nichts dabei gedacht, auch mal 1 Flasche Wein zu trinken."

Nach seiner Trinkmenge im Vorfelde des Deliktes am 01.06.2018 gefragt und in welchem Zeitraum er Alkohol konsumiert habe, antwortete Herr XX: „Am Abend vorher mit mehreren Leuten Party, sich früh getroffen um 19.00 oder 20.00 Uhr am 31.05.2018, es wurde gefeiert, geredet, Musik gehört. Ich hatte 3 bis 4 Gläser Ouzo mit Wasser verdünnt, circa 3 cl Ouzo pro Glas und ich hatte 2 Flaschen Wein (0,7 1). Man konnte da schlafen. Die anderen wollten am nächsten Tag zum Stadtfest. Sie fragten, ob ich nicht fahren kann. Ich habe mich breitschlagen lassen. Ich bin dahin gefahren. Es war dort so toll, so lustig. Man hatte gefeiert, rumgetanzt, Musik war da, die Sonne schien. Abends um 20.00 Uhr wurde gesagt, fahr uns doch nach Hause, da kannst du auch schlafen dann. Wir sind zu Rewe gefahren, mit 2 anderen, zum Einkaufen. Vorsichtig und achtsam beim Parkplatz. Ich bin nicht gerast, weil ich schon wusste, dass ich was getrunken hatte. Blöderweise bin ich zum Einkaufen gegangen. Ich war bisschen wackelig, ich hatte auch Schmerzen am Bein, Aber auch vom Alkohol war ich schwankend. Eine Zeugin hatte es gesehen, wie ich da geparkt hatte und einen schwankenden Gang hatte. Sie hat die Polizei gerufen. Das war gegen 21.00 Uhr."

Ob er am 01.06.2018 auch getrunken habe?

„Ja, beim Stadtfest hatte ich ungefähr 1/1 Wein. Erst wollte ich nicht. Dann dachte ich, wenn ich länger bleibe, naja."

Zu den Gründen der Trunkenheitsfahrt bzw. des vorangegangenen

Alkoholkonsums gefragt, schilderte Herr XX: „Das Fest war eben so toll, man hat getanzt, man hat sich wohlgefühlt, es war so partymäßig. Ich hatte mich ein bisschen verleiten lassen. Diese Wohlfühlsache. Der Alkohol hatte mir merkwürdigerweise wieder zugesagt. Ich bin auch ein Typ, der die Harmonie mag, der sich wohlfühlt, wenn alle Freude haben."

Warum er alkoholisiert gefahren sei?

„Es hieß, wenn du uns fährst, kannst du dort auch schlafen, dich erholen dort. Durch die Stimmung. Ich fühlte mich auch einigermaßen gut. Der Kater vom letzten Abend war nicht mehr so da."

Nach möglichen Schwierigkeiten im Umgang mit dem Fahrzeug gefragt, sagte der Untersuchte: „Nein. Ich bin umsichtig, langsam gefahren, habe auch geguckt, ob die Polizei irgendwo ist."

Danach befragt, wie weit die Fahrstrecke gewesen sei, antwortete Herr XX: „5 Kilometer."

Gefragt, ob es andere, nicht entdeckte bzw. nicht aktenkundige Trunkenheitsfahrten gegeben habe, antwortete der Untersuchte: „Ja, das ist schon mal vorgekommen. Früher aber nach 2 oder 3 Flaschen Wein bin ich eher eingeschlafen. Ich kann auch gar nicht so viel ab."

Nach seinen Trinkgewohnheiten in der Vergangenheit, ab 2000 befragt, antwortete der Untersuchte: „Ich war als Fuhrunternehmer tätig, später war ich im Call-Center im Büro. Als Fuhrunternehmer vorwiegend am Wochenende getrunken, 5 bis 6 Bier (0,5 l). Das war schon jedes Wochenende. Nach der 1. Trunkenheitsfahrt hatte ich weniger getrunken. Das Call-Center war ziemlich anstrengend, zur

Entspannung abends nur mal 1 Gläschen. Am Wochenende war es dann 1 l Wein, manchmal auch 2 l Wein, das war ab 2012."

Gefragt, was seine maximale Trinkmenge gewesen sei, gab der Untersuchte an: „2/l Wein und 1 bis 2 Kurze (2 cl Schnaps)."

Auf die Frage, ob es bei ihm eine Zeit eines höheren Alkoholkonsums gegeben habe, sagte der Untersuchte: „Nein."

Gefragt, was die Gründe für seinen Alkoholkonsum gewesen seien, schilderte Herr XX: „Das stressmäßige, auch Existenzängste, weil ich nicht viel verdiente. Ich hatte auch verschiedene Sachen versucht. Das war ziemlich nervig, man hatte sich da auch verrannt, Zur Entspannung getrunken. Wenn was mit der Arbeit nicht hinhaute, bisschen zurücklehnen, harmonisch, sich wohlfühlen, man wurde gelöster, entspannter. Hinterher hatte man aber den dicken Kopf am nächsten Tag, das fand ich auch immer blöde."

Nachgefragt, ob es weitere Konsumgründe gegeben habe, schilderte der Untersuchte: „Nein."

Gefragt, ob es mal Trinkpausen gegeben habe, Zeiten eines Alkoholverzichts, antwortete Herr XX: „Ja. Ab 2014 hatte ich 2 Jahre nicht getrunken. Ich hatte eine Schulung für eine Rückenliege. Es war kostenlos, man konnte es ausprobieren. Nach 2 Jahren hatte ich mir die Liege gekauft. Es wurde gesagt, man solle kein Alkohol trinken. Ich hatte es auch so gemacht. Es passte auch zur Arbeit, ich war auf Arbeit fitter. Ich mache ja Buddhismus. Da hatte ich mich auch mal zurückgenommen. Da hatte ich weniger Alkohol getrunken, ich hatte andere Aktivitäten da."

Gefragt, warum er nach der Abstinenzphase wieder Alkohol konsumiert habe, sagte der Untersuchte: „Diese Sache, ich trinke mal gerne Sekt oder Prosecco. Ich habe mir mal einen Prosecco geholt, es war auch lecker zum Essen. Ich rauche auch. Diese Sache rauchen und trinken. So hatte es langsam wieder angefangen. Dann hatte ich am Wochenende halt getrunken. Zu Hause trinke ich weniger, aber am Wochenende mehr."

Gefragt, ob es Filmrisse/Blackouts gegeben habe, antwortete Herr XX: „Ist mal vorgekommen, ein paar Mal."
Auf die Frage, ob es mal Probleme bzw. negative Konsequenzen (psychisch, physisch, beruflich, privat etc.) aufgrund seines Alkoholkonsums gegeben habe, gab der Untersuchte an: „An sich nicht so."

Welche Probleme er durch den früheren Alkoholkonsum hatte (aus dem Fragebogen)? „Gesundheitliche, Schlaffheit, antriebslos, viele Aufschieben, lange Erholphasen."

Gefragt, ob er mal auf seinen Alkoholkonsum angesprochen worden sei (z. B. aus dem privaten oder beruflichen Umfeld, Familie, Bekannte, von ärztlicher Seite), den Alkoholkonsum zu reduzieren oder einzustellen, antwortete Herr XX: „Nein."

Gefragt, ob er mal ein schlechtes Gewissen wegen seines Konsums gehabt oder sich schuldig gefühlt habe, äußerte Herr XX: „Ja, der Kater den nächsten Tag. Der Gedanke, ich höre auf. Am Abend fühlte ich mich aber wieder gut. Wieder mit einem Gläschen angefangen, dann es wieder vergessen. Diese Übelkeit. Manchmal brauchte man 1 Tag zum Erholen, man war erst am Abend dann wieder fit. Man musste sich erst erholen vom Körper her. Man brauchte eine Ruhephase. Ich hatte nie durchgehend getrunken."

Auf die Frage, wie er seinen damaligen Umgang mit Alkohol einschätze, gab der Untersuchte an: „Arbeit ist Arbeit, Schnaps ist Schnaps. Es wurde gearbeitet und es wurde gefeiert. Meine Eltern hatten erst abends Bier getrunken, meist Vater. Früher wurde gerne gefeiert bei uns. Zu meiner Zeit war es mit Gaststätten, viele hatten geraucht und getrunken.“

Nachgefragt, wie er seinen früheren Alkoholkonsum auf einer Skala von 1 bis 6, mit 1 = Abstinenz und 6 = Alkoholabhängigkeit, einschätzen würde, sagte Herr XX: „Es gab mal Zeiten auf 4, starker Missbrauch, am Wochenende oder bei Feiern, wenn man in der Gesellschaft war, wo es hoch herging.“

Zu seinem Alkoholkonsum nach der 2. Trunkenheitsfahrt befragt, sagte der Untersuchte: „Erstrnal hatte ich so ähnlich weiter getrunken. Erst hieß es, ich kriege den Führerschein nach 12 Monaten wieder. Dann hieß es, ich muss eine MPU machen, Ich hatte kein Geld, habe es beiseitegeschoben. Ich hatte noch im Call-Center gearbeitet. Ich hatte mich mit der Börse interessiert. Ich bin betrogen worden um eine größere Summe. Ich musste Insolvenz einleiten. Um es zu schaffen, habe ich erstmal aufgehört zu trinken, dass ich den Betrug anzeige, ich hatte einiges zu tun. Insolvenz bedeutet ja ein Minimum. Ich wurde dann nicht mehr von Schuldnern belangt. Es läuft 3 Jahre. Das war eine vernünftige Maßnahme. Finanziell ist es auch eine Sache mit dem Trinken. Man schädigt sich auch körperlich mit Alkohol. Wenn ich zu viel trinke, kann ich es mit dem Buddhismus auch nicht ausüben. Dann sagte mir ein befreundeter Türke, wenn du den Führerschein hast, kannst du für mich Aushilfe machen. Er hat mir das Geld für die MPU geliehen.“

Danach befragt, wann er zuletzt Alkohol getrunken habe, antwortete Herr XX: „Am 19.07.2021, vor dem Abstinenzprogramm.“

Darauf angesprochen, dass er in der ärztlichen Untersuchung angegeben habe, in den letzten 6 Monaten maximal 2 l Wein konsumiert zu haben, äußerte der Untersuchte: „Nein, das stimmt nicht."

Darauf angesprochen, dass er in der ärztlichen Untersuchung angegeben habe, vor 2 Monaten 3 Gläser Wein getrunken zu haben, äußerte der Untersuchte: „Nein, das stimmt nicht. Ich meinte, vor dem 19.07.2021 war das. Im Februar oder März 2021 hatte ich noch bisschen getrunken, dann gar nichts mehr."

Zu seinen zukünftigen Verhaltensabsichten in Bezug auf den Alkoholkonsum gefragt, sagte der Untersuchte: „Ich habe gedacht, Abstinenz ist gut, ich will es beibehalten. Ich bin sicher dadurch. Ich bin stärker und gesünder dadurch, gerade auch im Alter. Ich bin nicht so geschwächt. Ich will noch Sport machen. Ich schwimme zurzeit. Ich mache Bodenturnen, damit ich den Bauch bisschen wegkriege. Schwimmen tut mir gut für die Atmung. Ich spüre mehr Ausgeglichenheit. Ich bin einfühlsamer auch. Ich respektiere die Menschen eher; ich kann besser zugehören auch. Ich gehe Sachen gleich an, verschiebe nicht. Das gefällt mir auch sehr gut."

Danach befragt, mit welchen von ihm angewendeten Strategien er seine Abstinenz beibehalten wolle (bzw. wie er es bisher geschafft habe auf Alkohol zu verzichten), gab der Untersuchte an: „Dass man sich bespricht mit Freunden, mit Nachbarn auch. Einige sind auch verstorben. Einer ist bei den Anonymen Alkoholikern. Den will ich auch mal anrufen, was bereden. Auch mit einem Nachbarn kann ich über alles reden, der hat so Sportgeräte im Garten."

Gefragt, ob es Rückfallgefahren gebe und falls ja, wie er mit solchen Situationen umgehen wolle, sagte Herr XX: „Ich fühle mich an sich sicher. Es wäre schon ziemlich unwahrscheinlich. Dass man noch mal was trinkt, kann ich nicht beschwören. Aber ich bin auch mit dem Ablehnen sicherer geworden: Komm, mach mal mit! Ich: Nein, wir können gerne reden, ich trinke ansonsten Wasser. Tee trinke ich auch gerne."

Danach gefragt, wie er künftig mit möglichen Problemen (Arbeitsstress etc.) umgehen wolle, sagte der Untersuchte: „Man kann besser auf Menschen zugehen. Das Gespräch suchen, das ist hilfreich. Man ist nicht so verbissen. Im Gespräch es klären, eine Lösung finden."

Ob er ein Beispiel nennen könne?

„Alkohol nicht im Haus haben. Ich gehe nicht auf Gesellschaften, wo viel getrunken wird. Ich meide das eher. Ich lehne die Menschen nicht unbedingt ab, aber ich gucke da. Es ist sehr uninteressant geworden. Ich bin gesünder geworden. Ich merke schon, dass es was bringt. Man spart auch Geld. Ich trinke erstmal ein Glas Wasser, dann verlangt es der Körper gar nicht. Auch Tee tut mir gut vom Magen her. Ich koche auch gerne, lasse mir da Zeit. Ohne Alkohol ist mehr Qualität im Leben."

Auf die Frage, was die Motive für seine Abstinenz seien (aus dem Fragebogen), gab der Untersuchte an: „Körperliches Wohlbefinden, auch finanziell positives Ergebnis. Ich wollte die 1-jährige Abstinenz machen und damit schon anfangen."

Nach möglichen Schwierigkeiten bei der Umsetzung der Abstinenz gefragt (aus dem Fragebogen), gab der Untersuchte an: „Eigentlich nicht. Er (der Alkohol) hat mich nicht mehr interessiert."

Danach gefragt, ob er noch etwas ergänzen möchte, sagte der Untersuchte: „Dass man Interessen entwickelt, es nachgeht. Mehr lesen.

Ein Urlaub ist auch nicht verkehrt, dass man ein bisschen was erforscht, sich was anguckt. Kunst. Ich interessiere mich sehr auch für Doku-Filme, Biographien von Menschen."

Nach den Angaben von Herrn XX waren zum Zeitpunkt der Untersuchung weder in Hinblick auf Bußgelder noch in strafrechtlicher Hinsicht Verfahren anhängig. Zudem gab der Untersuchte an, dass es keine noch nicht eingetragenen Delikte gibt.

Zusammenfassende Befundwürdigung
Im Rahmen der zusammenfassenden Befundwürdigung erfolgt die Prüfung der unter „Zu Vorgeschichte und Prognose" aufgeführten Hypothesen. Die vorliegende Problematik wird hinsichtlich des Ausprägungsgrades eingeordnet und die Kriterien für eine angemessene Problembewältigung werden geprüft. Dabei ist eine kompensatorische Argumentation zwischen den Kriterien nicht möglich, vielmehr müssen alle Kriterien positiv entschieden sein, um eine günstige Beantwortung der Fragestellung zu ermöglichen.

Bei dem Untersuchten bestehen Hinweise auf folgende Erkrankungen: Hypertonus, COPD. Bei der Erhebung der gesundheitlichen Vorgeschichte und im Rahmen der ärztlichen Untersuchung fanden sich keine Hinweise auf Alkoholfolgeschäden. Die festgestellte leichte Koordinationsstörung (Einbeinstand unsicher) stellt für sich genommen kein Befund von fahreignungsbeeinträchtigender Bedeutung dar. Am Tag der Begutachtung lagen die Leberwerte im Normbereich. Die vorgelegten Leberwerte vom 04.08.2022 waren ebenfalls unauffällig. Herr XX hat vom 19.07.2021 bis 15.07.2022 an einem Kontrollprogramm mit 6 Urinuntersuchungen auf das Alkoholabbauprodukt Ethylglucuronid (EtG) teilgenommen. In keiner der Proben war EtG nachweisbar. Die erhobenen Befunde sprechen für einen Alkoholverzicht im vorgenannten Kontrollzeitraum. Die medizinische Befundlage macht somit einen Verzicht auf Alkohol für einen lückenlosen Zeitraum von insgesamt etwa 12 Monaten nachvollziehbar.

Die Überprüfung der psychophysischen Leistungsfähigkeit bezüglich der beantragten Fahrerlaubnisklasse(n) erbrachte unter Einbeziehung eines Ergänzungstests ein noch hinreichendes bzw. normgerechtes Leistungsbild. Beeinträchtigungen der funktionalen Leistungsausstattung, die das sichere Führen eines Kraftfahrzeuges im öffentlichen Straßenverkehr betreffen, wurden somit insgesamt betrachtet nicht festgestellt.

In der verkehrspsychologischen Exploration wurde Herr XX eingehend zur aktenkundigen Deliktlage und zu seinen Alkoholkonsumgewohnheiten befragt. Dabei verhielt sich Herr XX kooperativ und weitestgehend bzw. insofern offen, so dass die für die Problem- und Verhaltensanalyse notwendigen Hintergrundinformationen (mit einigen Schwierigkeiten) erhältlich waren. Insofern liefern die in der Untersuchung erhobenen Befunde - trotz einiger Ungereimtheiten (siehe unten) - insgesamt betrachtet noch verwertbare Daten zur Erstellung einer Verkehrsverhaltensprognose.

Aus gutachterlicher Sicht ergaben sich sowohl das Trinkverhalten an den Delikttagen als auch die Trunkenheitsfahrten jeweils aus einem relativ alltäglichen Anlass. Die Annahme einer Ausnahmesituation ist in beiden Fällen nicht gerechtfertigt. Insofern kann das Verhalten nicht als untypisch angesehen werden. Vielmehr handelte es sich um Trinksituationen, wie sie auch in Zukunft nicht auszuschließen sind.

Die Hintergründe des eigenen Fehlverhaltens oder die Motivation zu seinem übermäßigen Alkoholkonsum im Vorfelde der aktenkundigen Trunkenheitsfahrten und nach 2-jähriger Trinkpause hat er hierbei nicht hinreichend bzw. lediglich ansatzweise hinterfragt. So stellte er seinen Alkoholkonsum im Wesentlichen als Produkt seines sozialen Umfelds dar. Zu den Konsumgründen äußerte sich Herr XX eher oberflächlich, das heißt wenig detailliert. Er enthebt sich somit der Möglichkeit einer tiefgreifenden selbstkritischen Auseinandersetzung mit seinen Verhaltensweisen. Dadurch vermag er nicht zu verdeutlichen, dass er in Zukunft zu einer besseren Verhaltenskontrolle in der Lage sein wird.

„Gesellig, lustig, Spaßfaktor. Noch einen, noch einen, es ergab sich so. Die Zeit spielte eine gewisse Rolle, es war über ein paar Stunden. Zum Essen, noch gut gegessen. Weil allgemein getrunken wurde." „Das Fest war eben so toll, man hat getanzt, man hat sich wohlgefühlt, es war so partymäßig. Ich hatte mich ein bisschen verleiten lassen. Diese Wohlfühlsache. Der Alkohol hatte mir merkwürdigerweise wieder zugesagt. Ich bin auch ein Typ, der die Harmonie mag, der sich wohlfühlt, wenn alle Freude haben." „Ab 2014 hatte ich 2 Jahre nicht getrunken." Gefragt, warum er nach der Abstinenzphase wieder Alkohol konsumiert habe, sagte der Untersuchte:

„Diese Sache, ich trinke mal gerne Sekt oder Prosecco. Ich habe mir mal einen Prosecco geholt, es war auch lecker zum Essen. Ich rauche auch. Diese Sache rauchen und trinken. So hatte es langsam wieder angefangen. Dann hatte ich am Wochenende halt getrunken."

Hinsichtlich der Ursachen des Deliktgeschehens lagen keine der Problemlage angemessenen, tiefergreifenden Erklärungsversuche vor. Die Erklärungsversuche des eigenen Problemverhaltens bewegten sich vorwiegend auf der Ebene dessen, was sich unmittelbar ereignet hat. Die generelle Problematik seines Alkoholkonsums sowie die dadurch begünstigten Trink-Fahr-Konfliktgefahren wurden von

Herrn XX hierbei nicht kritisch beleuchtet.

„Es war halt schlechtes Wetter. Ich wollte schnell nach Hause kommen. Mit dem Schlafen und der Zeit hatte ich noch gedacht, dass der Alkohol raus ist oder weniger als 0,5 Promille." „Es hieß, wenn du uns fährst, kannst du dort auch schlafen, dich erholen dort. Durch die Stimmung. Ich fühlte mich auch einigermaßen gut. Der Kater vom letzten Abend war nicht mehr so da."

Zur Entstehung der Trunkenheitsfahrt am 01.06.2018 gab Herr XX auch an, dass er zu der alkoholisierten Verkehrsteilnahme überredet worden sei. Einern Kraftfahrer, der sich zum Fahren nach dem Trinken großer Alkoholmengen überreden lässt, fehlen Verhaltensstrategien, die es ihm ermöglichen, sich unter sozialem Druck gegenüber anderen durchzusetzen. Damit unterliegt das eigene Verhalten in diesem Bereich der Fremdbestimmung. Unter dieser Bedingung besteht eine erhöhte Wahrscheinlichkeit dafür, dass er entgegen ursprünglicher Vorsätze eine erneute Alkoholfahrt unternimmt.

Die von einem alkoholisierten Kraftfahrer ausgehende Gefährdung wird von Herrn XX auch heute noch erheblich unterschätzt. Das wird unter anderem daraus ersichtlich, dass er den Unfall am 19.06.2011 in erster Linie mit der Einwirkung äußerer Faktoren begründet, nicht aber mit dem eigenen alkoholisierten Zustand. In dieser Hinsicht ist also kein Beitrag zur Verringerung des Risikos zu erwarten, dass Herr XX in Zukunft erneut unzulässig alkoholisiert am Straßenverkehr teilnimmt.

„Ich kam in Starkregen. Mein Auto war für Aquaplaning gar nicht geeignet, es ist in die Leitplanke." Nachgefragt, wodurch der Unfall seiner Meinung nach verursacht worden sei, sagte der Untersuchte: „Das Aquaplaning, ich konnte praktisch gar nichts sehen. Ich bin irgendwie dagegen gekommen. Vielleicht fuhr auch jemand vorbei, hat das Auto nass gemacht. Die Wagen haben unterschiedliche Straßenlagen. Der Ford Mondeo, den ich hatte, der kann das mit dem Aquaplaning gar nicht."

Hinsichtlich der wahrgenommenen Alkoholwirkung bei der Trunkenheitsfahrt machte Herr XX geltend, sich während der Trunkenheitsfahrt am 01.06.2018 nicht wesentlich beeinträchtigt gefühlt zu haben, obwohl die Höhe der Blutalkoholkonzentration völlige Fahruntauglichkeit anzeigt. Das ist ein unmissverständliches Kennzeichen einer sehr hohen Alkoholtoleranz, die man nur bei einer entsprechend hochgradigen Alkoholgewöhnung erreichen kann. Bei weniger starker Alkoholgewöhnung wären erhebliche Befindlichkeitsstörungen aufgetreten.

Nach möglichen Schwierigkeiten im Umgang mit dem Fahrzeug gefragt, sagte der Untersuchte: „Nein." Danach befragt, wie weit die Fahrstrecke gewesen sei, antwortete Herr XX: „5 Kilometer."

Die Befunde zur Alkoholvorgeschichte von Herrn XX (Alkoholtrinkmengen und -häufigkeiten, soziale, psychische sowie Delinquenz-Merkmale) lassen -trotz teils widersprüchlicher Angaben - einen Alkoholmissbrauch mit Verlust der Fähigkeit zu einem vernunftgesteuerten Umgang mit Alkohol erkennen. Folgende Merkmale belegen, dass Herr XX zum kontrollierten Alkoholkonsum nicht hinreichend zuverlässig in der Lage ist:

- Herr XX hat Alkohol getrunken, um ein Rauscherlebnis zu erzielen oder um vom Alltag abzuschalten („Das stressmäßige, auch Existenzängste, weil ich nicht viel verdiente. Ich hatte auch verschiedene Sachen versucht. Das war ziemlich nervig, man hatte sich da auch verrannt. Zur Entspannung getrunken. Wenn was mit der Arbeit nicht hinhaute, bisschen zurücklehnen, harmonisch, sich wohlfühlen, man wurde gelöster, entspannter.").

• Herr XX trank (zeitweise) ein- oder mehrmals pro Monat mehr als 150-300 ml reinen Alkohol („Ich hatte 3 bis 4 Gläser Ouzo mit Wasser verdünnt, circa 3 cl Ouzo pro Glas und ich hatte 2 Flaschen Wein (0,7 I)."; 3 bis 4 Schnaps (2 cl) und 2 l Wein.; „Als Fuhrunternehmer vorwiegend am Wochenende getrunken, 5 bis 6 Bier (0,5 l). Das war schon jedes Wochenende."; „Am Wochenende war es dann 1 l Wein, manchmal auch 2 l Wein, das war ab 2012." Gefragt, was seine maximale Trinkmenge gewesen sei, gab .der Untersuchte an: „2 l Wein und 1 bis 2 Kurze (2 cl Schnaps).").

• Herr XX hat bis zum Verlust der bewussten Verhaltenskontrolle getrunken, was zu Erinnerungslücken (Filmriss/Blackout) führte („Ist mal vorgekommen, ein paar Mal.").

• Herr XX hatte bereits den Gedanken, den Alkoholkonsum einschränken zu müssen und hat erfolglose Versuche der Kontrolle oder des Verzichts auf Alkoholkonsum erlebt (Danach befragt, ob er sich nach der 1. Trunkenheitsfahrt bzw. nach Neuerteilung der Fahrerlaubnis am 29.01.2013 bzgl. des Alkoholkonsums oder der Vermeidung von Trunkenheitsfahrten etwas vorgenommen habe, antwortete Herr XX:

„Dass ich weniger trinke. Nach der 1. Trunkenheitsfahrt hatte ich weniger getrunken.").

• Herr XX hatte wegen seines Alkoholtrinkens ein schlechtes Gewissen oder sich schuldig gefühlt (Gefragt, ob er mal ein schlechtes Gewissen wegen seines Konsums gehabt oder sich schuldig gefühlt habe, äußerte Herr XX: „Ja, der Kater den nächsten Tag. Der Gedanke, ich höre auf. Am Abend fühlte ich mich aber wieder gut. Wieder mit einem Gläschen angefangen, dann es wieder vergessen.").

- Herr XX äußerte die Selbsteinschätzung, für ihn sei die Einstellung seines Alkoholkonsums erforderlich und er habe dieses schon umgesetzt.

Vor dem Hintergrund dieser Alkoholvorgeschichte ist die Notwendigkeit einer Enthaltsamkeit vom Konsum alkoholhaltiger Getränke abzuleiten. Gemäß den Beurteilungskriterien sind die Voraussetzungen zum Führen eines Kraftfahrzeuges im Fall eines unkontrollierbaren Alkoholkonsums nur bei Einhaltung eines konsequenten und stabilen Alkoholverzichts gegeben.

Als stabil ist der Alkoholverzicht zu beurteilen, wenn

» er durch das soziale Umfeld (und evtl. durch weiter Rückfall vermindernde Maßnahmen) gestützt, zumindest aber nicht gefährdet wird;

» er von nachweislich ausreichender Dauer ist (in der Regel mindestens 12-monatige Bewährung);

» Herr XX durch den Verzicht auf Alkohol neue Erfahrungen mit der eigenen Kompetenz (und sozialen Rückmeldungen) sammeln konnte, die auch zukünftig als „Verstärker" zur Einhaltung des Alkoholverzichts beitragen;

» Herr XX zu einem dauerhaften Alkoholverzicht motiviert ist, wobei die Motivation nachvollziehbar und (evtl. mit fachlicher Unterstützung) ausreichend gefestigt ist;

» sich im Fall der Inanspruchnahme einer unterstützenden psychologischen Maßnahme diese als problemangemessen und erfolgreich erwiesen hat.

Gemessen an diesen Voraussetzungen erlaubt die im Fall von Herrn XX erhobene Befundlage noch keine günstige Verkehrsverhaltensprognose.

Herr XX setzte sich offensichtlich mit den Nachteilen seiner früheren Alkoholkonsumgewohnheiten auseinander und entwickelte auf dieser Basis eine Motivation zu einer Alkoholabstinenz.

„Diese Übelkeit. Manchmal brauchte man 1 Tag zum Erholen, man war erst am Abend dann wieder fit. Man musste sich erst erholen vom Körper her. Man brauchte eine Ruhephase." „Hinterher hatte man aber den dicken Kopf am nächsten Tag, das fand ich auch immer blöde." Welche Probleme er durch den früheren Alkoholkonsum hatte (aus dem Fragebogen)? „Gesundheitliche, Schlaffheit, antriebslos, viele Aufschieben, lange Erholphasen." „Finanziell ist es auch eine Sache mit dem Trinken. Man schädigt sich auch körperlich mit Alkohol. Wenn ich zu viel trinke, kann ich es mit dem Buddhismus auch nicht ausüben." „Ich bin stärker und gesünder dadurch, gerade auch im Alter. Ich bin nicht so geschwächt. Ich will noch Sport machen."

Hinsichtlich des Alkoholkonsumverhaltens bzw. des letztmaligen Alkoholkonsums machte Herr XX aber widersprüchliche Angaben in der medizinischen und in der psychologischen Untersuchung. Auch nach Konfrontation waren die korrigierten Angaben wenig schlüssig bzw. ungenau. Dies deutet auf eine mangelnde Selbstbeobachtung bezüglich des früheren Trinkverhaltens hin. Es kann noch nicht davon ausgegangen werden, dass eine vorbehaltlose Aufarbeitung der aus der Vorgeschichte ersichtlichen Problemlage erfolgt ist.

Danach befragt, wann er zuletzt Alkohol getrunken habe, antwortete Herr XX: „Am 19.07.2021, vor dem Abstinenzprogramm." Darauf angesprochen, dass er in der ärztlichen Untersuchung angegeben habe, in den letzten 6 Monaten maximal 2 l Wein konsumiert zu haben, äußerte der Untersuchte: „Nein, das stimmt nicht." Darauf angesprochen, dass er in der ärztlichen Untersuchung angegeben habe, vor 1 1/2 Monaten 3 Gläser Wein getrunken zu haben, äußerte der Untersuchte: „Nein, das stimmt nicht. Ich meinte, vor dem 19.07.2021 war das. Im Februar oder März 2021 hatte ich noch bisschen getrunken, dann gar nichts mehr."

Erfahrungsgemäß wird der zeitliche Beginn einer abstinenten Lebensweise genau erinnert, da es sich um eine einschneidende Veränderung der Lebensführung handelt. Die ungenauen Angaben von Herrn XX legen die Vermutung nahe, dass es sich bei seiner Abstinenzbehauptung - zumindest hinsichtlich Dauer und Striktheit der Verhaltensänderung - um eine zweckorientierte Aussage zur Wiedererlangung der Fahrerlaubnis handelt.

Bezüglich der Einschätzung des Trinkverhaltens machte Herr XX einerseits kritische, andererseits jedoch auch bagatellisierende Äußerungen.

Nachgefragt, wie er seinen früheren Alkoholkonsum auf einer Skala von 1 bis 6, mit 1 = Abstinenz und 6 = Alkoholabhängigkeit, einschätzen würde, sagte Herr XX: „Es gab mal Zeiten auf 4, starker Missbrauch." „Früher aber nach 2 oder 3 Flaschen Wein bin ich eher eingeschlafen. Ich kann auch gar nicht so viel ab."

Verhalten und Einstellungen werden im Allgemeinen nicht allein durch Einsicht beeinflusst, sondern sie werden vor allem durch persönliche Motive geprägt, die auf die individuelle Bedürfnisbefriedigung abzielen. Verhaltensänderungen werden sich dann bewähren, wenn gegenüber einer Zeit verstärkten Trinkens mit den dafür typischen Einengungen im Lebensumfeld eine generelle Veränderung stattgefunden hat, die sich insbesondere auch in einer veränderten Freizeitgestaltung niederschlägt. Das trifft bei Herrn XX zu.

„Ich schwimme zurzeit. Ich mache Bodenturnen, damit ich den Bauch bisschen wegkriege. Schwimmen tut mir gut für die Atmung." „Dass man Interessen entwickelt, es nachgeht. Mehr lesen[...] Kunst. Ich interessiere mich sehr auch für Doku-Filme, Biographien von Menschen."

Hinsichtlich der Lebensbedingungen von Herrn XX wurden im Untersuchungsgespräch für den Zeitraum nach dem Deliktgeschehen neue Sachverhalte mitgeteilt, die geeignet sind, einen stabilisierenden Einfluss auf seine Persönlichkeit auszuüben. Die Rahmenbedingungen, die das aktenkundige Fehlverhalten begünstigt hatten, haben sich offenbar geändert.

„Ich spüre mehr Ausgeglichenheit. Ich bin einfühlsamer auch. Ich respektiere die Menschen eher, ich kann besser zugehören auch. Ich gehe Sachen gleich an, verschiebe nicht. Das gefällt mir auch sehr gut." „Das Gespräch suchen, das ist hilfreich. Man ist nicht so verbissen. Im Gespräch es klären, eine Lösung finden." „Alkohol nicht im Haus haben. Ich gehe nicht auf Gesellschaften, wo viel getrunken wird. Ich meide das eher[...] Ich trinke erstmal ein Glas Wasser, dann verlangt es der Körper gar nicht. Auch Tee tut mir gut vom Magen her. Ich koche auch gerne, lasse mir da Zeit. Ohne Alkohol ist mehr Qualität im Leben."

Dass Konsequenzen hinsichtlich der Lebensführung realisiert wurden ist zumindest für den Zeitraum des Alkoholabstinenzkontrollprogramms nachvollziehbar. Deren Stabilität muss indes in Anbetracht der Schwere der Vorgeschichte mit bereits 2 Trunkenheitsfahrten und einer unzureichenden Aufarbeitung des Fehlverhaltens noch in Frage gestellt werden. Mit der Empfehlung zu einem Nachschulungskurs für alkoholauffällig gewordene Kraftfahrer ist die Erwartung an den Untersuchten verbunden, in Zusammenarbeit mit den Nachschulungsteilnehmern aktive, problemorientierte Bewältigungsmechanismen (weiter) zu entwickeln, um auch in belastenden Situationen auf Alkohol verzichten zu können.

Abschließende Stellungnahme
Im Rahmen der verkehrsmedizinischen Begutachtung fanden sich keine Hinweise auf Alkoholfolgeschäden. Die medizinische Befundlage macht einen Verzicht auf Alkohol für einen Zeitraum von etwa 12 Monaten nachvollziehbar.

Hinweise auf fahreignungsrelevante psychophysische Leistungsbeeinträchtigungen ergaben sich bezüglich der beantragten Fahrerlaubnisklasse(n) unter Einbeziehung eines Ergänzungstests nicht.

Im Untersuchungsgespräch wurde erkennbar, dass Herr XX Veränderungen in der Lebensführung eingeleitet hat. Dieser Befund reicht jedoch in Anbetracht der Alkoholvorgeschichte und unzureichenden Aufarbeitung des Fehlverhaltens nicht aus, um darauf bereits eine günstige Prognose hinreichend begründen zu können. Weitere Stabilisierungen der eingeleiteten Verhaltens- und Einstellungsveränderungen sind erforderlich, um einen Rückfall in problematische Alkoholkonsumgewohnheiten sicher genug ausschließen zu können.

Wir beantworten die behördliche Frage wie folgt:
Es ist zu erwarten, dass der Untersuchte auch zukünftig ein Kraftfahrzeug unter Alkoholeinfluss führen wird.

Es liegen keine psychophysischen Beeinträchtigungen vor, die das sichere Führen .eines Kraftfahrzeuges der beantragten Klasse(n) in Frage stellen.

Allerdings kann im vorliegenden Fall von wiederhergestellter Fahreignung ausgegangen werden, wenn ein Kurs zur Wiederherstellung der Kraftfahreignung für alkoholauffällige Kraftfahrer gemäß § 70 FeV absolviert worden ist. Ziel eines solchen Kurses ist im vorliegenden Fall der dauerhafte Alkoholverzicht. Insbesondere sollte Herr XX im Rahmen eines solchen Kurses Strategien entwickeln, um Risikosituationen zu identifizieren bzw. von vornherein zu meiden. Sofern die Verkehrsbehörde zustimmt, sollte Herr XX an einer solchen Nachschulung teilnehmen. Nach erfolgreicher Teilnahme bestehen gutachterlicherseits keine Bedenken mehr, ihm die Fahrerlaubnis der beantragten Klasse(n) zu erteilen.

2. Positives Alkoholgutachten vom 23.02.2022 (gekürzt)

Fahreignungsgutachten

für Herrn XX ,
geboren1973, untersucht im Februar 2022.

I. ANLASS UND FRAGESTELLUNG DER UNTERSUCHUNG

Herr XX erteilte uns den Auftrag, ihn zu begutachten. Die zuständige Straßenverkehrsbehörde hat ihn aufgefordert, das Gutachten einer Begutachtungsstelle für Fahreignung vorzulegen. Die Fragestellung lautet:

„Ist zu erwarten, dass Herr XX auch zukünftig ein Kraftfahrzeug unter einem die Fahrsicherheit beeinträchtigendem Alkoholeinfluss führen wird und/oder liegen im Zusammenhang mit dem früheren Alkoholkonsum Beeinträchtigungen vor, die das sichere Führen eines Kraftfahrzeuges der Gruppe 1/2 (FE-Klasse BCE) in Frage stellen?“

II. ÜBERBLICK ÜBER DIE VORGESCHICHTE Aktenübersicht

Die Akten der Verkehrsbehörde lagen bei der Begutachtung vor. Die im Folgenden dargestellten Sachverhalte wurden bei der Begutachtung berücksichtigt.

20.10.2019
Vorsätzliche Trunkenheit im Verkehr, Tatzeit gegen 05:22 Uhr, Ergebnis der Blutprobe gegen 05:35 Uhr 1,97 Promille Blutalkoholkonzentration

Sonstige Informationen zur Vorgeschichte

22.04.2021
Bestätigung über 12 verkehrspsychologisch-psychotherapeutische Einzelstunden von Oktober 2020 bis April 2021, Dipl.-Psych. YY

03.11.2021
Bescheinigung von TÜV Süd über die Durchführung eines EtG-Kontrollprogramms (Überprüfung der Abstinenz durch Bestimmung des Alkohol-Stoffwechselprodukts Ethylglucuronid) mit sechs Urinanalysen im Zeitraum vom 28.10.2020 bis zum 27.10.2021.
Die Abstinenzkontrolle erfüllt, soweit dies aus den Unterlagen nachprüfbar ist, die in den Beurteilungskriterien beschriebenen fachli-

chen Standards (sog. CTU-Kriterien) und die Vorgaben der Anlage 4a FeV. Der Bescheinigung ist zu entnehmen, dass die Einbestellung zu den Urinkontrollen unvorhersehbar, in unregelmäßigen Abständen und kurzfristig erfolgte. Die Identitätskontrolle wird von der entnehmenden Stelle nachvollziehbar bestätigt, die Urinproben wurden unter Sicht gewonnen und die Untersuchung erfolgte mit den im Folgenden angegebenen Verfahren 1, wobei nur Proben mit unauffälligem Kreatininwert herangezogen wurden.

Die Durchführung erfolgte als komplettes, ununterbrochenes Programm, das den genannten Zeitraum nachvollziehbar abdeckte, und die vereinbarten Termine wurden vollständig von Herrn XX wahrgenommen.

Es wird zudem bestätigt, dass das beauftragte Prüflabor nach DIN EN ISO 17025 für das Prüfgebiet Forensische Toxikologie akkreditiert wurde. In keiner Urinprobe konnte das Alkoholabbauprodukt EtG nachgewiesen werden. Es fand sich demnach kein Hinweis auf Alkoholkonsum in dem vereinbarten Zeitraum.

Psychologisches Untersuchungsgespräch
Herr XX wurde zu Gesprächsbeginn über, die Zielsetzung und die wesentlichen Inhaltsbereiche der psychologischen Exploration informiert. Es wurden die Fragestellung/en der Behörde, die dahinter stehenden Annahmen und die Voraussetzungen einer günstigen Beurteilung der Fahreignungsfrage/n dargestellt.

Dabei wurde Herr XX auch auf die Bedeutung unrealistischer, widersprüchlicher Angaben für das Ergebnis der Begutachtung hingewiesen.

Im weiteren Gesprächsverlauf hatte er sodann Gelegenheit, sich zu seiner Vorgeschichte zu äußern, aber auch seine gegenwärtige Situation zu schildern und Vorsätze sowie Zukunftspläne darzustellen.

Die Angaben werden während des Gesprächs schriftlich aufgezeichnet, soweit sie für die Beantwortung der Fragestellung/en bedeutsam sind. Um Missverständnisse zu vermeiden und Ergebnisse abzusichern, werden Rückfragen gestellt und Rückmeldungen über gutachterliche Schlussfolgerungen gegeben.

Am Ende des Gesprächs erfolgt eine individuelle Ergebnis- oder Sachstandsmitteilung und es werden Hinweise zur weiteren Vorgehensweise gegeben, soweit dies zu diesem Zeitpunkt der Befunderhebung möglich ist.

Das Untersuchungsgespräch mit Herrn XX dauerte von 9:45 Uhr bis 10:28 Uhr.

Eigene Angaben zur Person

Herr XX sei 48 Jahre alt. Zu den von der Behörde geäußerten Bedenken

Sein Problem sei Alkohol, das sei klar, zu viel Alkoholkonzentration. (Auf Nachfrage) Die Bedenken seien nachvollziehbar.

Zur Verkehrsauffälligkeit (Zum 20.10.2019)

Er sei auf einer Party bei einem Kollegen gewesen, rumänischer Kollege, ab 19 Uhr, bis halb 4 ungefähr. (Auf Nachfrage) Er habe eine 700-800 ml Wodkaflasche getrunken, mit Cola. (Auf Nachfrage) Er sei angetrunken gewesen, sehr euphorisch. (Auf Nachfrage) Erinnerungslücken habe er nicht. (Auf Nachfrage) Er habe nach Hause fahren wollen. (Auf Nachfrage) Er sei kontrolliert worden, er sei 4-5 km gefahren. (Ob er dann noch weitergetrunken habe?) Er habe schon noch weiter getrunken, aber weniger. (Auf Nachfrage) Nur nach am Wochenende, normalerweise 2-3 Gläser Wein, einige wenige Male etwas mehr, jedes Wochenende, Freitag und Samstag. (Auf Nachfrage) Nur Wein und Bier. (Warum Wodka an dem Abend?) Seine Arbeitskollegen seien aus der moldauischen SSR gekommen, da werde Wodka getrunken. (Auf Nachfrage) Schnaps wenig, er sei eigentlich Weintrinker. (Auf Nachfrage) Der letzte Konsum sei am 25.10.2020 gewesen.

Zum Alkoholkonsum
Herr XX gibt im Fragebogen an, seit Oktober 2020 keinen Alkohol mehr zu trinken. Von 2000 bis 2010 habe er über 3 Perioden verzichtet. Er habe früher durchschnittlich Freitag/Samstag 2 Flaschen Wein getrunken. Das Maximum liege bei 3-4 Flaschen Wein. Zeitweise sei der Alkoholkonsum nicht ganz unproblematisch gewesen. Er denke, er habe mehr Alkohol getrunken, als die meisten Leute (möglich). Besonders bei Problemen habe er mehr Alkohol getrunken. Der Abbau eines Glases Bier (0,5 Liter) oder Wein (0,25 Liter) dauere seiner Einschätzung nach 2 Stunden.

(Abstinenzbelege)
Die habe er bis Oktober 2021 über 12 Monate.

(Ob eine ärztliche Diagnose zum Konsum vorliege? Klinikaufenthalte wegen des Konsums)

Eine Entgiftung oder Entwöhnung habe er nicht gemacht, eine Alkoholtherapie auch nicht.

(Auf Nachfrage) Erhöhte Leberwerte habe er nie gehabt. (Auf Nachfrage) Es habe nie ein Arzt gesagt, dass er weniger oder nix mehr trinken sollte. (Auf Nachfrage) Diabetes oder Bluthochdruck habe er nicht.

(Zu Rückmeldungen bzgl. seines Konsumverhaltens)

Normalerweise habe keiner in der Familie gesagt, dass er zu viel trinke. (Auf Nachfrage) Sonst auch niemand. (Auf Nachfrage) Streit habe es nicht gegeben.

(Zu Auswirkungen des Konsums auf das Freizeitverhalten und zu erfüllende Verpflichtungen)

Die Leistung sei nicht schlechter gewesen, unter der Woche habe er nicht getrunken. (Auf Nachfrage) Er habe keine Schwierigkeiten gehabt, weil er Sonntag nicht getrunken habe. (Auf Nachfrage) Verpflichtungen habe er nicht vernachlässigt. (Hobbies vernachlässigt?) Er jogge gern, das sei ein bisschen schwieriger ohne Führerschein gewesen.

(Wie getrunken werde bzw. worden sei? Ob vornehmlich getrunken worden sei, um einen starken Rausch zu bekommen?)

Nein, er habe getrunken, so dass er sich gut gefühlt habe, es sei ihm nicht schlecht geworden, er habe nie gespuckt. (Auf Nachfrage) Filmrisse seien nie vorgekommen. Er habe nie so viel getrunken, dass er in den Straßengraben gefallen sei.

(Zur Konsumentwicklung)
Er habe zwischen 2000 und 2010 mehrere Unterbrechungen gehabt. (Warum er das gemacht habe?) Er habe sicher sein wollen, dass es ohne Alkohol gehe, normalerweise einen Monat, einmal auch 4 oder 5 Monate. (Konsum nach 2010?) Nach. 2013 sei der Konsum gestiegen. (Auf Nachfrage) Er habe das Maß nicht mehr eingehalten, mehr getrunken. (Wie oft und wie viel?) Immer nur am Wochenende, eine bis eineinhalb Flaschen Wein. (Größere Mengen?)

3-4 Flaschen. (Wie oft das vorgekommen sei?) Nicht allzu oft, er würde sagen einmal im Monat. (Auf Nachfrage) Es habe keine Regel in den Exzessen gegeben, einmal überschritten, dann aber 3-4 Monate vergangen, bis zum nächsten Mal. (Bis zu welchem Jahr das gegangen sei?) Das sei bis zum Führerscheinverlust gegangen. (Ob er jedes Wochenende getrunken habe von 2013 bis Verlust?) Beinahe jedes Wochenende. Wenn er etwas vorgehabt habe, habe er aber nicht getrunken.

(Konsummotive)
Gründe seien allgemein bekannt, Alkohol mache sozialer, man fühle sich besser. (Auf Nachfrage) Wenn er Probleme gehabt habe, habe er nicht mehr Alkohol getrunken. Es sei ein Ritual, eine feste Gewohnheit gewesen am Wochenende. Er habe automatisch 2 Flaschen eingekauft, es sei eine Angewohnheit gewesen.

(Zum zukünftigen Alkoholkonsum)
Er wolle abstinent bleiben. Er habe feststellen können, dass er eine andere Lebensqualität habe. (Was das heiße?) Es gehe ihm gesundheitlich besser, er fühle sich bei der Arbeit fitter, er sei vor 2 Tagen gelobt worden, er habe eine neue Freundin, die an ihm schätze, dass er nicht trinke. (Ob er etwas an der Freizeit verändert habe?) Hobbies seien etwa die gleichen geblieben. (Was er heute anstatt Wein kaufe?) Er kaufe Wasser. (Auf Nachfrage) Er habe versucht, Alkohol zu verbannen, das gehöre der Vergangenheit an. (Ob das schwierig gewesen sei?) Es sei ihm nicht so schwergefallen, wie mit dem Rauchen aufzuhören. Es sei die ersten Wochen aber ungewohnt gewesen, nichts zu trinken. (Ob ein Verzicht nötig sei?) Es sei für ihn besser sei, abstinent zu bleiben. (Warum?) Seine Lebensqualität sei besser geworden. (Was er am Wochenende mache?) Er suche Parfums, er sehe sich Spielfilme an, lese. (Ob ihm der Alkohol am Wochenende fehle?) Nein, gar nicht mehr. (Auf Nachfrage) Er glaube,

er habe keine Probleme mit dem Alkohol. (Auf Nachfrage) Es sei ein Verbrauch an Alkohol gewesen, der manchmal übertrieben gewesen sei. (Ob es weitere Probleme gegeben habe?) Sonst keine Probleme. (Dann könne er zukünftig einfach weniger trinken?) Nein, er habe sich entscheiden abstinent zu bleiben, so bleibe es. (Ob ein geringerer Konsum funktionieren würde?) Die Frage stelle sich nicht mehr, es sei jetzt das Beste für ihn. Er wolle sein Leben neu aufbauen, neue Freundin, andere Lebensqualität genießen.

Zur Alkoholproblembewältigung
(Ob der Konsum auch positive Seiten gehabt habe?)

Er habe sich dabei entspannt. (Auf Nachfrage) Heute gefalle es ihm, mit Parfumflakons rumzumachen, er sehe sich Spielfilme an, er lese manchmal ein Buch.

(Fachliche Hilfe)
Es habe geholfen. (Auf Nachfrage) Ihm sei dadurch bewusst geworden, dass er Abstinenzler werden solle. (Auf Nachfrage) Man könne auch ohne Alkoholkonsum das Leben lernen. Man habe sich den genauen Alkoholkonsum über die Jahre angeschaut. Gemeinsam sei man zu der Schlussfolgerung gekommen, dass die beste Lösung die Abstinenz sein werde. (Auf Nachfrage) Die Hilfe sei nötig gewesen.

(Zu kritischen Anreizsituationen)
Freunde habe er nicht allzu viele, bei den Kollegen habe es aber ein sehr positives Echo gegeben, dass er nicht mehr trinke. Er habe verstanden, dass er den LKW zurückkriege. (Auf Nachfrage) Es komme des Öfteren vor, dass er eingeladen werde, er gehe aber nicht dahin. Mittlerweile sei bekannt, dass er nicht mehr trinke, Einladungen seien weniger geworden. (Auf Nachfrage) Er sei mittlerweile auch auf Partys gewesen. (Auf Nachfrage) Es sei ihm ganz gut gegangen.

Manchmal sei es angenehm, am Rande zu sitzen und zu schauen, wie sich die anderen besaufen würden.

Weitere. ergänzende Informationen
(Zur sozialen Situation)

Wichtig seien seine Eltern und seine Tochter. (Auf Nachfrage) Viele Freunde habe er nicht, er habe gute Bekannte, er lebe eher zurückgezogen. (Auf Nachfrage) Es gehe ihm gut damit.

(Zur beruflichen Situation)
Nach dem Zwischenfall sei die Schicht gekappt worden, weil er nicht mehr habe fahren können. Wegen ihm habe man die Schicht wieder eingeführt. Sein Kollege fahre. (Auf Nachfrage) Er wolle die Arbeit auf jeden Fall machen, er habe letzte Woche einen Anruf von einem Kunden bekommen, der sich ausdrücklich bedankt habe, das motiviere ihn, dazubleiben.

(Zukunftspläne)
Er wolle unter Umständen wieder heiraten, wenn es möglich sei. (Auf Nachfrage) Das wichtigste sei, dass er sein Leben wieder auf die Reihe kriege.

(Zu Prioritäten)
Die erste Priorität sei er selber.

Ergänzungen des Klienten: Es sei alles besprochen.

IV. BEWERTUNG DER BEFUNDE

Die im Teil II des Gutachtens dargestellten Voraussetzungen für eine günstige Prognose wurden anhand der oben erläuterten Me-

thoden überprüft. Im Folgenden werden die in Teil III wiedergegebenen Befunde im Hinblick auf die behördliche Fragestellung bewertet und ggf. in ihrer Aussagekraft gewichtet.
Der früher vermehrte Alkoholkonsum hat zu keinen gravierenden organischen Folgeschäden geführt, die das ausreichend sichere Führen von Kraftfahrzeugen - unabhängig von akutem Alkoholeinfluss - ausschließen würden. Auch schwerwiegende psychiatrische Befunde waren in der orientierenden Untersuchung nicht zu erheben.

Die von ihm beigebrachten Abstinenzbelege entsprechen den in den Beurteilungskriterien in der Hypothese CTU formulierten Anforderungen, so dass die Abstinenz für den Zeitraum vom 28.10.2020 bis zum 27.10.2021 als hinreichend belegt angesehen werden kann.

Die Überprüfung der Leistungsmöglichkeiten erbrachte keine verkehrsbedeutsamen Beeinträchtigungen. Die von Herrn XX in den Tests gezeigten Leistungen genügen, um sich mit einem Fahrzeug der beantragten Klasse verkehrsgerecht verhalten zu können. Insbesondere werden die in den Begutachtungsleitlinien zur Kraftfahreignung für die betroffene Fahrerlaubnis geforderten Normwerte erreicht. Herr XX erzielte in allen der anlassspezifisch durchgeführten Leistungstests im Bereich der visuellen Wahrnehmung, Konzentration und Reaktionsfähigkeit Ergebnisse, die einem Prozentrang von 33 oder mehr entsprechen.

Bei der Bewertung der Befunde ist zu berücksichtigen, dass die Angaben von Herrn XX nur dann zur Beurteilung seiner individuellen Problematik herangezogen werden können, wenn sie glaubhaft und nachvollziehbar sind.

Herr XX zeigte sich offen und gesprächsbereit. Bei der Untersuchung konnten alle wesentlichen Befunde erhoben werden. Die Angaben von Herrn XX waren zudem weitgehend in sich stimmig. Widersprüche mit der Aktenlage oder wissenschaftlichem Erfahrungswissen konnten nicht festgestellt oder korrigiert werden. Die Angaben sind daher für die Beantwortung der Fragestellung verwertbar.

Um die Frage nach der Wahrscheinlichkeit einer zukünftigen Verkehrsteilnahme unter Alkoholeinfluss hinreichend sicher beantworten zu können, war es zunächst erforderlich, den Grad der Alkoholproblematik zu erfassen.

Herr XX kann nicht dauerhaft kontrolliert trinken. Dies ist aus seiner Lerngeschichte abzuleiten. Es wird von mehreren Phasen des Alkoholverzichts berichtet, in der er seine Selbstkontrollfähigkeit prüfen wollte (sog. naive Selbstdiagnose zum Ausschluss von Alkoholabhängigkeit). Zur Beantwortung der behördlichen Fragestellung wurde deshalb die Hypothese A2 mit deren Voraussetzungen für eine günstige Prognose herangezogen:

Wenn diagnostisch eine Notwendigkeit zum Alkoholverzicht festgestellt wurde, sind die medizinischen und die psychologischen Befunde für eine Prognose verknüpft entscheidend. Demnach wird eine Alkoholverzichtsangabe erst dann als tragfähig und tiefergreifende Alkoholkarenz zu werten sein, wenn zu dem medizinisch belegten Verzicht über einen ausreichenden Zeitraum auch eine Einstellungsänderung bezüglich des Alkoholkonsums, eine Missbrauchseinsicht, stabilisierende Lernschritte sowie günstige Umfeldbedingungen hinzugetreten sind. Ebenso muss erkannt worden sein, dass kein kontrollierter Alkoholkonsum auf Dauer möglich ist und deshalb ein konsequenter Alkoholverzicht notwendig ist.

Herr XX verzichtet bereits ausreichend lange auf den Konsum von Alkohol, kann dies angemessen medizinisch belegen. Er möchte

den Verzicht beibehalten. Entscheidend für die Stabilität und Nachhaltigkeit des Alkoholverzichts ist, dass Herr XX über ein angemessenes Problembewusstsein verfügt:
Anhand der Schilderung des Umfangs des früheren Konsums und der stattgefundenen Steigerung und Gewohnheitsbildung kann davon ausgegangen werden, dass Herr XX sich kritisch damit auseinandergesetzt hat (Es sei ein Ritual, eine feste Gewohnheit gewesen am Wochenende. Er habe automatisch 2 Flaschen eingekauft, es sei eine Angewohnheit gewesen). Aussagen zur Alkoholproblematik sind allerdings insgesamt nicht einheitlich (Er glaube, er habe keine Probleme mit dem Alkohol ... Es sei ein Verbrauch an Alkohol gewesen, der manchmal übertrieben gewesen sei). Da sich aus den Gesprächsbefunden aber keine ausgeprägte Missbrauchsproblematik ableiten ließ und an mehreren Stellen klar wurde, dass der Verzicht motivational sehr gefestigt ist, kann dies als isolierter Mangel bezeichnet werden (Die Frage stelle sich nicht mehr, es sei jetzt das Beste für ihn. Er wolle sein Leben neu aufbauen, neue Freundin, andere Lebensqualität genießen). Herr XX verfügt also über eine ausreichende Änderungsmotivation, um den Verzicht auch künftig (unter ungünstigen Einflüssen) beibehalten zu können.

Herr XX schildert einen gewohnheitsmäßigen, erhöhten Alkoholkonsum am Wochenende. Problematische Konsummotive (z.B. Konfliktbewältigung) ließen sich aus den Gesprächsbefunden nicht ableiten. Im Untersuchungsgespräch war also zu beurteilen, ob Herr XX alte Gewohnheiten überwunden hat und stabil durch neue ersetzen konnte. Herr XX schildert einen Wandel in der Freizeitgestaltung am Wochenende. Er vermag diese also künftig alkoholfrei zu gestalten. Es können positive körperliche Folgeerscheinungen durch den Verzicht geschildert werden (Es gehe ihm gesundheitlich besser, er fühle sich bei der Arbeit fitter, er sei vor 2 Tagen gelobt worden, er habe eine neue Freundin, die an ihm schätze, dass er nicht trinke).

Der Klient kann zudem glaubhaft darlegen, Rückfall begünstigende Kontexte künftig zu meiden bzw. dort zu mehr sozialer Standfestigkeit in der Lage zu sein. Ebenso werden die positiven Faktoren des früheren Konsums erkannt, was ein weiteres Zeichen für eine angemessene Selbstreflexion ist. Er ist eine neue Partnerschaft eingegangen. Die soziale Situation wirkt sich glaubhaft nicht destabilisierend aus. Die mittlerweile erfolgte biographische Entwicklung wie auch die aktuelle Lebenssituation lassen also keine Risikofaktoren erkennen, die eine erneute Auffälligkeit begünstigen würden. Die bei der heutigen Untersuchung erhobenen Befunde sprechen für eine ausreichende Distanzierung vom früher erhöhten Alkoholkonsum und eine den Verzicht unterstützende Lebenssituation bzw. -gestaltung.

Herr XX vermochte somit Einsichten und ein Verständnis für seine Alkoholproblematik darzustellen. Dies ist eine notwendige Voraussetzung für eine durchgreifende Verhaltensänderung und alkoholfreie Lebensführung. Damit ist eine akzeptable Basis für dauerhafte Verhaltenskorrekturen gegeben.

Nach zusammenfassender Bewertung der Befunde kann die heutige Untersuchung mit einer noch günstigen Prognose abgeschlossen werden.

Bei zusammenfassender Wertung der Untersuchungsergebnisse kann die behördliche Fragestellung wie folgt beantwortet werden:

Es ist nicht zu erwarten, dass Herr XX auch zukünftig ein Kraftfahrzeug unter einem die Fahrsicherheit beeinträchtigendem Alkoholeinfluss führen wird und/oder im Zusammenhang mit dem früheren Alkoholkonsum liegen keine Beeinträchtigungen vor, die das sichere Führen eines Kraftfahrzeuges der Gruppe 1/2 (FE-Klasse BCE) in Frage stellen.

3. Negatives Alkoholgutachten vom 20.04.2022 (gekürzt)

Fahreignungsgutachten
für Herrn XX
Geboren 1989
Untersucht im März 2022

I. ANLASS UND FRAGESTELLUNG DER UNTERSUCHUNG

Herr XX erteilte uns den Auftrag, ihn zu begutachten. Die zuständige Straßenverkehrsbehörde hat ihn aufgefordert, das Gutachten einer Begutachtungsstelle für Fahreignung vorzulegen. Die Fragestellung lautet:

„Ist zu erwarten, dass Herr XX auch zukünftig ein Kraftfahrzeug unter einem die Fahrsicherheit beeinträchtigendem Alkoholeinfluss führen wird und/oder liegen im Zusammenhang mit dem früheren Alkoholkonsum Beeinträchtigungen vor, die das sichere Führen eines Kraftfahrzeuges der Gruppe 1 (FE-Klasse B) in Frage stellen? Ist ein dauerhafter Alkoholverzicht erforderlich?“

II. ÜBERBLICK ÜBER DIE VORGESCHICHTE

Aktenübersicht

Die Akten der Verkehrsbehörde lagen bei der Begutachtung vor. Folgende Sachverhalte wurden bei der Begutachtung berücksichtigt:

01.06.2018
Führen eines Kraftfahrzeugs mit einer Atemalkoholkonzentration von 0,25 mg/1 oder mehr, Tatzeit gegen 01 :52 Uhr, Ergebnis der Atemalkoholkontrolle 0,34 mg/1 Atemalkoholkonzentration

03.10.2019
Fahrlässige Trunkenheit im Verkehr, Tatzeit gegen 13:17 Uhr, Ergebnis der Blutprobe gegen 14:38 Uhr 2, 17 Promille Blutalkoholkonzentration

24.06.2021
MPU-Gutachten mit negativer Prognose, Hypothese A2
Sonstige Informationen zur Vorgeschichte

11.01.2022
Bescheinigung von „Pima" über die Durchführung eines EtG-Kontrollprogramms (Überprüfung der Abstinenz durch Bestimmung des Alkohol-Stoffwechselprodukts Ethylglucuronid) mit vier Urinanalysen im Zeitraum vom 12.07.2021 bis zum 11.01.2022. Es fand sich demnach kein Hinweis auf Alkoholkonsum in dem vereinbarten Zeitraum.

Psychologisches Untersuchungsgespräch
Herr XX wurde zu Gesprächsbeginn über die Zielsetzung und die wesentlichen Inhalte des psychologischen Untersuchungsgesprächs informiert. Die Fragestellung/en der Behörde sowie die dahinter stehenden Annahmen wurden erläutert. Dabei wurde Herr XX auch auf die Bedeutung unrealistischer, widersprüchlicher Angaben für das Ergebnis der Begutachtung hingewiesen.

Das Untersuchungsgespräch mit Herrn XX dauerte von 11 :07 Uhr bis 11 :43 Uhr.

Eigene Angaben zur Person

Herr XX sei 32 Jahre alt.
Zu den von der Behörde geäußerten Bedenken

Er sei hier, weil er Alkohol am Steuer gehabt habe, er wolle beweisen, dass er es sich streng vorgenommen habe, dass er nicht mehr trinke. (Auf Nachfrage) Eine MPU sei ihm bewusst.

Zu den Verkehrsauffälligkeiten

(Zum 01.06.2018)
Er habe an dem Tag etwa 4 Bier getrunken. (Auf Nachfrage) So gegen 20 Uhr angefangen, bis 22:30 Uhr. {Auf Nachfrage) Er sei nach Ulm gekommen, einen Kollegen vom Bahnhof abholen. (Auf Nachfrage) Ein bisschen sei er schon angetrunken gewesen, mehr aber nicht. (Auf Nachfrage) Es habe Phasen gegeben, wo er mehr getrunken habe, aber auch gar nix getrunken, aber er gebe zu, er habe gelegentlich immer noch getrunken. (Wie viel dann?) Es habe Wochen gegeben, da 3-400 ml harte Sachen und solche, wo er gar nix getrunken habe. (Auf Nachfrage) An einem Abend 3-400 ml.

(Zum 03.10.2019)
Es sei kein Restalkohol gewesen. (Auf Nachfrage) Er sei auf einem Flohmarkt gewesen, gegen 10 oder 11 Uhr zu einem Kollegen, der wohne etwa 1,5 Kilometer von seinem Zuhause. Der habe gegrillt, Schnaps gehabt, angefangen zu trinken. (Wie viel er getrunken habe?) Zusammen ca. einen Liter Schnaps. (Ob er öfters vormittags getrunken habe?) Eigentlich nicht, es sei ein Feiertag gewesen.

Zum Alkoholkonsum

Herr XX gibt im Fragebogen an, seit Oktober 2019 keinen Alkohol mehr zu trinken. Früher habe er durchschnittlich pro Woche 300-400 ml Hartalkohol getrunken. Das Maximum liege bei 500 ml Schnaps. Zeitweise sei der Alkoholkonsum nicht ganz unproblematisch gewesen. Der Abbau eines Glases Bier (0,5 Liter) oder Wein (0,25 Liter) dauere seiner Einschätzung nach 3 Stunden.

(Abstinenzbelege)
Die habe er über 6 Monate bis Januar 2022.

(Ob eine ärztliche Diagnose zum Konsum vorliege? Klinikaufenthalte wegen des Konsums)
Entgiftung oder Entwöhnung habe er nie gemacht. (Auf Nachfrage) Eine Therapie auch nicht. (Auf Nachfrage) Er habe keine medizinischen Kontrollen in die Richtung gemacht. (Auf Nachfrage) Es habe nie ein Arzt gesagt, dass er weniger oder nlx mehr trinken sollte.

(Zu Rückmeldungen bzgl. seines Konsumverhaltens}
Des Öfteren hätten Bruder und Frau ihm zugeredet. (Auf Nachfrage) Streit habe es nicht gegeben. (Auf Nachfrage) Es habe nie jemand gesagt, dass er zu einer Suchtberatung gehen sollte. Er habe von sich aus vorgenommen, dass er sein Trinkverhalten verändere.

(Zu Auswirkungen des Konsums auf das Freizeitverhalten und zu erfüllende Verpflichtungen)
Seine Leistung sei selbstverständlich schlechter gewesen. (Auf Nachfrage) Die Kollegen hätten ihn zum Trinken verführt. Er sei nicht genügend konzentriert gewesen. (Ob seine Leistung über einen längeren Zeitraum schlechter gewesen sei?) Es sei v.a. um den Arbeitsplatz bei der ersten Firma gegangen, die hätten sehr viel getrunken. Man habe ihn schief angeschaut, wenn er nicht mitgetrunken habe. (Wie getrunken werde bzw. worden sei? Ob vornehmlich getrunken

worden sei, um einen starken Rausch zu bekommen?)
Es sei leider so gewesen, dass er öfter über die Stränge geschlagen habe, Filmrisse gehabt habe. (Wie oft das vorgekommen sei?} Er könnte behaupten, dass er 2-mal Filmrisse gehabt habe. (2-mal im Leben?) So, dass er nicht mehr habe gerade stehen können.

(Zur Konsumentwicklung)
Es sei so gewesen, dass er in Perioden sehr viel getrunken habe, aber auch Phasen, wo er aufgehört habe. Es sei ihm bloß 2-mal passiert, dass er das Bewusstsein verloren habe.

(Ob er sagen könne, in welchen Jahren er viel getrunken habe?) Es sei schon dazu gekommen, dass er 6-700 ml harte Sachen getrunken habe.

(Wie oft das passiert sei?)
Das sei einmal in der Woche oder einmal in 2 Wochen passiert. (In welchen Jahren?) 2018-2019. (Davor?) Die vorherige Firma, da habe er in Frankfurt gearbeitet, da habe er täglich einen Alkoholtest machen müssen. (Er habe also nicht getrunken?) Höchstens am Wochenende 1-2 Bier. (Warum es sich derartig gesteigert habe?) Das sei wegen den Kollegen gewesen, weil man zusammen geschwatzt und getrunken habe. (Auf Nachfrage) Nein, die Kollegen seien nicht schuld, er hätte nicht daran teilnehmen müssen. Er habe nicht Rechnung getragen, dass er nach einer bestimmten Menge aufhöre mit Trinken.

(Konsummotive)
Er glaube, es sei stark von den Leuten abhängig gewesen, die ihn umgeben hätten, alle Bier getrunken, die Anfangszeit in der ersten Firma sei schwierig gewesen. (Auf Nachfrage) Wenn es ihm seelisch nicht so gut gegangen sei, habe er öfter mehr getrunken, ansonsten

mitgetrunken.

(Ob ein Verzicht nötig sei?)
Es sei sehr notwendig gewesen, zuallererst wegen der Gesundheit, für die Familie, für die Arbeitsstelle. Er habe sich auch vorgenommen, seinen Lebensstil zu verändern, nicht mehr so zu leben, wie früher. (Was er verändert habe?) Er könne nur abstinent seine Ziele im Leben erreichen. (Was seine Ziele seien?) Man erwarte ein zweites Kind, man baue ein Haus zusammen. Es sei ein normales Leben, so wolle er leben.

(Zur früheren Kontrolle der Trinkmenge)
Doch, früher habe es öfter Zeiträume gegeben, wo er nichts oder wenig getrunken habe, dann sei es leider aber wieder angestiegen. (Woran das liege?) Er glaube es liege daran, dass er damals täglich getrunken habe und mit dem Kollegen passiert sei.

Zur Alkoholproblembewältigung
(Ob sich seit Verzicht etwas geändert habe?)
Es habe sich sehr viel verändert. (Auf Nachfrage) Er sei viel konzentrierter am Arbeitsplatz, in der Familie habe sich viel verändert, man höre sich besser gegenseitig zu.

(Ob der Konsum auch positive Seiten gehabt habe?)
Für den Augenblick sei es schon angenehm gewesen, am nächsten Tag aber nicht mehr.

(Fachliche Hilfe)
Er glaube schon, dass er habe helfen können. Bei einigen Schwierigkeiten seien sie der gleichen Meinung gewesen. (Auf Nachfrage) Man habe die Gegebenheiten studiert und darüber gesprochen, was passiert sei.

(Zur Einschätzung des früheren Alkoholkonsums, Entzugserscheinungen)
Er sei sich bewusst gewesen, dass er früher jeden Tag getrunken habe. (Nach Rückmeldung) Es sei so, er habe schon 1-2 Bier getrunken, als normales Trinken betrachtet, am Wochenende dann harte Sachen getrunken. (In welchen Jahren täglich getrunken?) Das sei eigentlich nur im Urlaub vorgekommen, oder, wenn er keine Schwierigkeiten gehabt habe zuhause.

(Zu kritischen Anreizsituationen)
Zu echten Partys sei er nie gegangen. Wenn er zu gewissen Feierlichkeiten gehe, sage er, er trinke nicht. (Was die anderen dann sagen würden?) Er werde des Öfteren gefragt, warum, er sage Nein, das habe er sich so vorgenommen, trinke nicht mehr.

Ergänzungen des Klienten: Es sei alles besprochen.

IV. BEWERTUNG DER BEFUNDE

Der früher vermehrte Alkoholkonsum hat zu keinen gravierenden organischen Folgeschäden geführt, die das ausreichend sichere Führen von Kraftfahrzeugen - unabhängig von akutem Alkoholeinfluss - ausschließen würden. Auch schwerwiegende psychiatrische Befunde waren in der orientierenden Untersuchung nicht zu erheben.

Die von ihm beigebrachten Abstinenzbelege entsprechen den in den Beurteilungskriterien in der Hypothese CTU formulierten Anforderungen, so dass die Abstinenz für den Zeitraum vom 12.07.2021 bis zum 11.01.2022 als hinreichend belegt angesehen werden kann. Die am Untersuchungstag erhobenen Leberlaborbefunde (GGT, GOT und GPT) weisen ein auffälliges Befundmuster auf, die Konstellation der Einzelbefunde spricht allerdings nicht dafür, dass vermehrter Alkoholkonsum hierfür ursächlich ist. Unabhängig von diesem Gutachten empfehlen wir Herrn XX weitere ärztliche Abklärung.

Die Überprüfung der Leistungsmöglichkeiten erbrachte keine verkehrsbedeutsamen Beeinträchtigungen. Die von Herrn XX in den Tests gezeigten Leistungen genügen, um sich mit einem Fahrzeug der beantragten Klasse verkehrsgerecht verhalten zu können. Insbesondere werden die in den Begutachtungsleitlinien zur Kraftfahreignung für die betroffene Fahrerlaubnis geforderten Normwerte erreicht.

Bei der Bewertung der Befunde ist zu berücksichtigen, dass die Angaben von Herrn XX nur dann zur Beurteilung seiner individuellen Problematik herangezogen werden können, wenn sie glaubhaft und nachvollziehbar sind.

Bei der Untersuchung konnten wesentliche Befunde erhoben werden. Nichtsdestotrotz beantwortete Herr XX die ihm gestellten Fragen teils ausweichend, auch auf Nachfrage hin. Die Angaben sind letztlich für die Beantwortung der Fragestellung verwertbar.

Um die Frage nach der Wahrscheinlichkeit einer zukünftigen Verkehrsteilnahme unter Alkoholeinfluss hinreichend sicher beantworten zu können, war es zunächst erforderlich, den Grad der Alkoholproblematik zu erfassen.

Herr XX kann nicht dauerhaft kontrolliert trinken. Dies ist einerseits aus der Trinkdynamik eines vormittäglichen Hartalkoholkonsums bis zur absoluten Fahruntüchtigkeit auszugehen. Ebenso wurde im Zusammenhang mit persönlichen Belastungen vermehrt getrunken. Nach den Kriterien des diagnostischen und statistischen Manuals psychischer Störungen DSM-IV39 ist bei Herrn XX vom

Vorliegen eines Alkoholmissbrauchs auszugehen, bei dem anzunehmen ist, dass er nicht dauerhaft kontrolliert mit Alkohol umgehen kann. Dies leitet sich aus dem folgenden Befund ab: Herr XX war in Folge des gesteigerten Alkoholkonsums wiederholt nicht mehr in der Lage, anderen auch ihm wichtigen Verpflichtungen nachzukommen (Verschlechterung der Arbeitsleistung). Zur Beantwortung der behördlichen Fragestellung wurde deshalb die Hypothese A2 mit deren Voraussetzungen für eine günstige Prognose herangezogen:

Wenn diagnostisch eine Notwendigkeit zum Alkoholverzicht festgestellt wurde, sind die medizinischen und die psychologischen Befunde für eine Prognose verknüpft entscheidend. Demnach wird eine Alkoholverzichtsangabe erst dann als tragfähig und tiefergreifende Alkoholkarenz zu werten sein, wenn zu dem medizinisch belegten Verzicht über einen ausreichenden Zeitraum auch eine Einstellungsänderung bezüglich des Alkoholkonsums, eine Missbrauchseinsicht, stabilisierende Lernschritte sowie günstige Umfeldbedingungen hinzugetreten sind. Ebenso muss erkannt worden sein, dass kein kontrollierter Alkoholkonsum auf Dauer möglich ist und deshalb ein konsequenter Alkoholverzicht notwendig ist.

Herr XX verzichtet mittlerweile auf den Konsum von Alkohol, kann einen sechsmonatigen Verzicht belegen. In seinem Falle einer A2 wäre vor Abgabe einer günstigen Prognose im Regelfalle ein über zumindest 12 durchgehende Monate belegter Verzicht nötig, um diesen als stabil und nachhaltig bezeichnen zu können. Aufgrund des geschilderten, ausweichenden Antwortverhaltens kann davon auch keine Ausnahme gemacht werden, da eine Verdrängungshaltung nicht auszuschließen ist Es bedarf hier einer weiteren (fachlichen) Aufarbeitung, da nur eine realistische Einschätzung der negativen Folgeerscheinungen des Konsums einen Verzicht dauerhaft tragen kann.

Nach zusammenfassender Bewertung der Befunde kann die heutige Untersuchung mit keiner günstigen Prognose abgeschlossen werden.

V. BEANTWORTUNG DER FRAGESTELLUNG

Bei zusammenfassender Wertung der Untersuchungsergebnisse kann die behördliche Fragestellung wie folgt beantwortet werden:

Es ist zu erwarten, dass Herr XX auch zukünftig ein Kraftfahrzeug unter einem die Fahrsicherheit beeinträchtigendem Alkoholeinfluss führen wird und/oder im Zusammenhang mit dem früheren Alkoholkonsum liegen keine Beeinträchtigungen vor, die das sichere Führen eines Kraftfahrzeuges der Gruppe 1 (FE-Klasse B) in Frage stellen? Ist ein dauerhafter Alkoholverzicht erforderlich.

Anmerkung:
Die Voraussetzungen zur Teilnahme an einem evaluierten Kurs nach §70 FeV für alkoholauffällige Kraftfahrer sind nicht erfüllt.
Empfehlung:

Wir empfehlen, (weiter) fachliche Hilfe zur Aufarbeitung der individuellen Problematik in Anspruch zu nehmen. Erfolgsversprechend sollte ein Fachpsychologe für Verkehrspsychologie (BOP) oder ein Psychologe mit vergleichbarer Qualifikation sein.

Um eine günstige Entwicklung der Eignungsvoraussetzungen vor einer eventuellen späteren Begutachtung zu unterstützen bzw. zu dokumentieren, empfehlen wir die folgende(n) Maßnahme(n) zu ergreifen:

- Vervollständigung des Belegs der Alkoholabstinenz, so dass bei einer späteren Begutachtung insgesamt mind. sechs unvorhersehbar angeordnete Urinkontrollen auf das Alkoholabbauprodukt Ethylglucuronid (EtG) im Verlauf von 12 Monaten vorgewiesen werden können. Das Programm muss, um bei der Fahreignungsbegutachtung berücksichtigt werden zu können, von einem in Anlage 4a FeV genannten Arzt (z.B, Arzt an einer Begutachtungsstelle für Fahreignung) komplett durchgeführt werden. Es ist darauf zu achten, dass der abschließende Befundbericht alle in den sog. CTU-Kriterien (Beurteilungskriterien Kap. 8.1) genannten Angaben enthält.

- ergänzend oder alternativ dazu die Durchführung von Haaranalysen auf das Alkoholabbauprodukt Ethylglucuronid (EtG). Hierfür sind, um eine Aussage über den erforderlichen Abstinenzzeitraum treffen zu können, mehrere Untersuchungen im Abstand von jeweils drei Monaten erforderlich, da aufgrund der Abnahme der EtG-Konzentration im Zeitverlauf jeweils nur die kopfnahen 3 cm von nicht behandelten Haaren verwertbar sind. Dies entspricht einem belegten Zeitraum von ca. 3 Monaten. Somit sind für einen Abstinenzbeleg von 1 Jahr vier Kontrollen in Folge erforderlich.

4. Negatives Drogengutachten vom 27.08.2022 (gekürzt)

Fahreignungsgutachten
für Herrn XX,
geboren 1995,
untersucht im August 2022.
I. Anlass und Fragestellung der Untersuchung

Das Gutachten soll zu folgender Frage Stellung nehmen:

Kann Herr XX trotz der Hinweise auf gelegentlichen Cannabiskonsum sowie der bekannten Verkehrsteilnahme unter Cannabiseinfluss ein Kraftfahrzeug der Gruppe 1 (FE-Klasse B, BE, AM, L) sicher führen? Ist insbesondere nicht zu erwarten, dass Herr XX auch zukünftig ein Kraftfahrzeug unter Einfluss von Betäubungsmitteln, anderen psychoaktiv wirkenden Stoffen oder deren Nachwirkungen führen wird (Fähigkeit zum Trennen von Konsum und Verkehrsteilnahme)?

II. Überblick über die Vorgeschichte

II.1. Aktenübersicht

(Informationen zur Person und aktenkundige Anknüpfungstatsachen)
Herr XX ist zum Zeitpunkt der Untersuchung 28 Jahre alt. Die Fahrerlaubnis hat er nach eigenen Angaben erstmals 2012 erworben und dabei eine durchschnittliche jährliche Fahrleistung von ca. 10.000 Kilometern erzielt.

Im Sinne der Fragestellung der Straßenverkehrsbehörde sind folgende, aktenkundige Informationen von Interesse:

17.12.2009
Personenkontrolle (Test verlief positiv auf THC)

26.04.2013
Fahren unter Einfluss von Betäubungsmitteln um 15.25 Uhr, Analyseergebnis des Drogenscreenings aus Blut von 18.17 Uhr: THC: 2,4 ng/ml; 11-0H-THC: 0,7 ng/ml; THC-COOH: 19,8 ng/ml

16.08.2013
Medizinisch-Psychologische-Untersuchung mit negativer Prognose bezüglich Drogen-Fragestellung

03.09.2014
Medizinisch-Psychologische-Untersuchung mit positiver Prognose bezüglich Drogen-Fragestellung

04.08.2017
Bei einer Personenkontrolle auf einer Technoveranstaltung wurden bei Herrn XX 11,5 g Marihuana gefunden

09.09.2019
Medizinisch-Psychologische-Untersuchung mit negativer Prognose bezüglich Drogen-Fragestellung

II.2. Beigestellte Unterlagen und Bescheinigungen durch den Kunden

Herr XX legte am Untersuchungstag die nachfolgenden Bescheinigungen und Befunde vor:

Januar bis Mai 2022, 11 psychotherapeutischen Einzelsitzungen bei Dipl.-Psych. YY;

Datum der Bescheinigung: 01.07.2022

Die Ergebnisse von Haaranalysen vergleiche Abschnitt III.1.2.1. Beigestellte Befunde.

II.3. Voraussetzungen für eine günstige Prognose (Darlegung der zu prüfenden Hypothesen)

Es wurde immer wieder bestätigt, dass die Feststellung von Verhaltensauffälligkeiten im Straßenverkehr bzw. im Zusammenhang mit der Kraftfahreignung die Wahrscheinlichkeit für künftige entsprechende Auffälligkeiten deutlich erhöht.

Es wurde aber auch immer wieder festgestellt, dass nicht alle wieder auffallen, die mit solchem Verhalten bereits aufgefallen sind. Daraus resultiert die Annahme, dass Menschen ihr Verhalten verändern können und dadurch tatsächlich nicht wieder auffällig werden.

Einer Fahrerlaubnisbehörde kommt in solchen Fällen die Aufgabe zu, bei Bedarf unter solchen Bedingungen die Fahreignung durch eine Fahreignungsbegutachtung überprüfen zu lassen, um entscheiden zu können, ob auch künftig entsprechendes auffälliges Verhalten erwartet werden muss.

Die Fragestellung der Fahrerlaubnisbehörde konzentriert die aus tatsächlichen Auffälligkeiten resultierenden grundsätzlichen Bedenken an einer Fahreignung im Sinn der Erwartung, dass es auch künftig weitere entsprechende Auffälligkeiten geben wird. Gleichzeitig wird mit entsprechenden Fragestellungen bestimmt, worauf die Begutachtung zu beziehen ist (anlassbezogene Untersuchung).

Nach diesem Grundsatz wurden durch eine Aktenanalyse Informationen im Sinn der Fragestellung identifiziert, die zu den Bedenken an der Fahreignung geführt haben und die für die Diagnose und Prognose und damit für die Beantwortung der Fragestellung relevant sind.

Die aktenkundigen Feststellungen beziehen sich auf den Verhaltensbereich

- Auffälligkeiten unter Einfluss von Betäubungsmitteln / Arzneimittelmissbrauch

Um die Annahme einer angemessenen, ausreichenden und dauerhaften Verhaltensveränderung als Voraussetzungen für eine positive Beurteilung begründen zu können, wurden entsprechend den Anforderungen aus den Begutachtungsleitlinien und den Beurteilungskriterien die erforderlichen Befunde erhoben und im Hinblick auf verlässliche Merkmale für eine erforderliche Verhaltensveränderung systematisch ausgewertet.

Dabei folgt die Begutachtung den relevanten Hypothesen in den Beurteilungskriterien:

Grundsätzlich muss nachvollzogen werden können:

Die zur Beantwortung der behördlichen Fragestellung erforderlichen Befunde konnten bei der Untersuchung erhobenen werden und sind im Rahmen der Befundwürdigung verwertbar. (Hypothese 0)

Für den fragestellungsrelevanten Verhaltensbereich müssen die nachfolgenden Hypothesen geprüft werden:

» Es liegt eine Drogenabhängigkeit vor. Eine Entwöhnungstherapie oder eine vergleichbare, in der Regel suchttherapeutisch unterstützte Problembewältigung hat zu einer stabilen Drogenabstinenz geführt.

» Es liegt eine fortgeschrittene Drogenproblematik vor, die sich im missbräuchlichen Konsum von Suchtstoffen, in einem polyvalenten Konsummuster oder auch im

Konsum hoch suchtpotenter Drogen gezeigt hat. Diese wurde problemangemessen aufgearbeitet und eine Drogenabstinenz wird ausreichend lange und stabil eingehalten.

» Es liegt eine ‚Drogengefährdung ohne Anzeichen einer fortgeschrittenen Drogenproblematik vor. Ein ausreichend nachvollziehbarer Einsichtsprozess hat zu einem dauerhaften Drogenverzicht geführt.

» Es liegt ausschließlich ein gelegentlicher Cannabiskonsum vor. Eine Verkehrsteilnahme unter Drogeneinfluss kann auch bei ggf. fortbestehendem Konsum zuverlässig vermieden werden.

» Es liegen im Zusammenhang mit früherem Drogenkonsum keine organischen, psychiatrischen und/oder Anpassungsstörungen vor, die die Fahreignung ausschließen.

» Es bestehen nach früherem Drogenkonsum keine verkehrsrelevanten Beeinträchtigungen der geistigen und/oder psychisch-funktionalen Voraussetzungen.

ggf.

» Die festgestellten Defizite des Klienten sind durch einen Kurs zur Wiederherstellung der Fahreignung nach § 70 FeV für drogenauffällige Kraftfahrer genügend beeinflussbar.

Nur wenn alle aus den jeweiligen Hypothesen zu prüfenden Anforderungen erfüllt sind, besteht die Möglichkeit für eine positive Verhaltensprognose im Sinn der behördlichen Fragestellung.

III. Untersuchungsbefunde

III.2.1. Darstellung der Angaben aus dem Explorationsgespräch

Zu Beginn der Untersuchung wurde Herr XX durch den Gutachter über Gegenstand und Zweck der Untersuchung, den gesamten Untersuchungsablauf und die Verfahrensweise bis zur Versendung des Gutachtens informiert.

Das Untersuchungsgespräch dauerte von 10.51 Uhr bis 11.26 Uhr. Die Angaben wurden anschließend von Herrn XX selbst gelesen. Die richtige Dokumentation der Angaben wurde schriftlich bestätigt.

(Welche Drogen im Einzelnen konsumiert worden seien?)
„Cannabis. Nur Cannabis.“

(Ab wann und wie häufig er die jeweilige Droge konsumiert habe?)
„Wie meinen sie wann und wie häufig?

Jetzt von 2016-2017, 2009 und 2013 habe ich ca. 20 Gramm in der Woche und von 2016 bis 2017 waren es ca. 10 Gramm in der Woche. Es kann auch mal sein, dass ich in einer Woche nur 4 oder 6 Gramm geraucht habe.“

(Ob er täglich konsumiert habe?)
„Nur am Wochenende oder im Urlaub oder wenn ich Urlaub hatte.“

(Ob sich sein Konsum mal geändert habe, ob er mal mehr oder weniger konsumiert habe?) „Ich sag jetzt mal, mehr habe ich mal im Bekanntenkreis geraucht, aber ich habe auch mal gar nichts geraucht, wenn ich alleine war oder so, dann habe ich gar nichts geraucht.“

(Sei insbesondere zusätzlich zum Drogenkonsum Alkohol getrunken worden?)
.Nein, Mal ausprobiert, aber sonst habe ich es immer getrennt, kein Mischkonsum.“

(Wie er heute seinen damaligen Drogenkonsum einschätzen würde (ausschließlich gelegentlicher Konsum - Drogengefährdung - fortgeschrittene Drogenproblematik - Drogenabhängigkeit)?
„Mein damaliger Konsum war ein Gelegenheitskonsum.“

(Woran er das festmache?)
„Ich hatte keine Probleme aufzuhören, wie es sonst bekannt ist, hatte kein Zittern. Auch am Wochenende nichts zu rauchen, da würde ich sagen, dass mir das auch nichts ausgemacht hat. Ein Drogensüchtiger braucht das ja auch täglich.“

(Ob er glaube, dass er ein Drogenproblem gehabt habe?)
„Nein, auf jeden Fall nicht, ich hatte kein Drogenproblem.“

(Warum es damals überhaupt zum Drogenkonsum gekommen sei?)
„Aus Leichtsinn. Es waren frühere Bekanntschaften. Mit meiner jetzigen Frau bin ich nach Langenau gezogen. Ein alter Kollege hat mir Langenau gezeigt, der hat mich immer in den Park genommen. Er hat da gekifft, ich habe da ein oder zwei Bier getrunken. Er hat mich damals gefragt und ich konnte leider nicht mehr stark genug sein, um nein zu sagen.“

(Welche Wirkungen er sich von den Cannabis erhofft habe?)
„Eine berauschende Wirkung, Glücksgefühle, die Laune zu verbessern und Dazugehörigkeit."
(Ob es Gründe in ihm, in seiner Person gegeben habe, warum er diese Wirkung von Glücksgefühlen und die bessere Laune geschätzt habe?)
Nein, natürlich kann man seine Laune immer wieder verbessern, aber so ein Druck, dass ich meine Laune immer wieder verbessern wollte, gab es eigentlich nicht."

(Ob er negativen Erfahrungen durch den Cannabiskonsum gemacht habe?)
„Ja, nicht mehr rausgehen, mehr zurückziehen. Nicht mehr so viel mit meiner Frau unternehmen, schlechte Launen vielleicht. Sonst habe ich keine negativen Gedanken gehabt. Keine Träume mehr gehabt."

(Ob er sich Drogen auf Vorrat gekauft habe?)
„Nein, nur so zum Eigenverbrauch, mal am Wochenende. Vielleicht ist mal was übrig geblieben. Ich habe keine hunderte von Gramm gehabt, nur so zum Verbrauch."

03.09.2014
Medizinisch-Psychologische-Untersuchung mit positiver Prognose bezüglich Drogen-Fragestellung

(Warum die MPU seiner Meinung nach positiv ausgegangen sei?)
„Weil ich mich sehr gut vorbereitet habe. Ich wollte auch drogenfrei leben und wusste nicht, dass es zu einem schleichenden Rückfall kommen würde."

(Ob er in der MPU wahre Angaben gemacht habe?)
„Ich habe immer wahre Angaben gemacht. Das habe ich auch mit meinem Psychologen besprochen."

(Wie lang er seine Vorsätze der Abstinenz habe umsetzen können?)
„Von 2016 - 2017."

(Warum er wieder konsumiert habe?) „Leider habe ich mir Langenau zeigen lassen, ich hatte zwei, drei Bier getrunken. An diesem Tag konnte ich leider nicht nein sagen."

17.12.2009
Personenkontrolle (Test verlief positiv auf THC)

26.04.2013
Fahren unter Einfluss von Betäubungsmitteln um 15.25 Uhr, Analyseergebnis des Drogenscreenings aus Blut von 18.17 Uhr: THC: 2,4 ng/ml; 11-0H-THC: 0,7 ng/ml; THC-COOH: 19,8 ng/ml
Nicht besprochen.

04.08.2017
Bei einer Personenkontrolle auf einer Technoveranstaltung wurden bei Herrn XX 11,5 g Marihuana gefunden

(Warum es zur aktenkundigen Auffälligkeit gekommen sei?)
„Wir waren auf einem Festival, wollten gerade aufs Festivalgelände laufen. Da gab es eine Eingangskontrolle und ich hatte die 11,5 Gramm in meiner Tasche."

(Für wen das Marihuana gedacht sei?)
„Da war für 6 Leute für das drei-Tage-Festival gedacht gewesen."

(Wie er nach der letzten Auffälligkeit mit Drogen umgegangen sei?)
„Ich habe aufgehört. Mit meiner jetzigen Frau wollte ich eine Familie gründen. Da hatten wir gesagt, ich lasse auf dem Festival nochmal die Sau raus, dann wird gelebt für einen reiferen Lebensabschnitt.“ ·

(D.h. er habe sowieso den Konsum einstellen wollen?)
„Ich habe mit meiner Frau zusammen beschlossen, dass ich noch einmal die Sau rauslassen wollte. Ich wollte es für den neuen Lebensabschnitt eh beenden, um die Familie zu gründen.“

(Wie er die Umstellung erlebt habe?)
„Ich habe am Anfang vielleicht daran gedacht, aber die Familienplanung war für mich und für uns wichtiger. Mich hat es auch sehr gefreut, dass ich wieder träumen kann.“

(Wie er in Zukunft mit Drogen umgehen wolle?)
„Auf jeden Fall Abstand halten. Das Schleichverfahren habe ich gemerkt, dass man denkt, einmal geht schon, davon möchte ich Abstand halten.“

(Wie sein heutiger Alkoholkonsum aussehe?)
„Nicht mehr als 2 Bier, das steht auf jeden Fall fest.“

(Ob er noch Kontakte zu anderen Drogenkonsumenten habe?)
„Nein, das habe ich damals abgebrochen, mit dem Umziehen. Ich will da nichts mehr mit den Leuten zu tun haben, ich habe gesehen, dass es ein schleichender Prozess ist.“

09.09.2019
Medizinisch-Psychologische-Untersuchung mit negativer Prognose bezüglich Drogen-Fragestellung

(Warum das Gutachten negativ geworden sei?)
„Weil ich unvorbereitet in die MPU reingegangen bin. Ich musste innerhalb von 4 Wochen eine positive MPU vorlegen."

(Welchen Nutzen die Maßnahme bei Herrn YY für ihn hatte?)
„Ich habe meinen früheren Konsum nochmal gut überdacht. Wir haben besprochen, wie man nein sagt und stark bleibt. Da hat der Herr YY mir sehr geholfen."

(Wie er sein persönliches Rückfallrisiko einschätze?)
„Ich würde von mir aus sagen: nein. Weil es mich nicht mehr anmacht oder anzieht. Mich stößt auch der Geruch ab. Ich kann es nicht mehr riechen."

(Ob es Situationen gebe, wo er vorsichtig sein müsse, dass er nicht, entgegen seines Vorsatzes wieder Drogen konsumiere?)
„In meiner jetzigen Sicht würde ich sagen nein. Am Anfang vielleicht, aber jetzt habe ich keine Probleme mehr. Ich bin willensstark und will nicht mehr konsumieren. Ich habe Angst, dass es wieder einen schleichenden Rückfall gibt. Ich möchte auch ein gutes Vorbild für meinen Sohn sein."

(Wie sich diese Abstinenz von seiner früheren Konsumpause unterscheide?)
„Bei meiner ersten Abstinenz, da hatte ich noch keine Familie, jetzt hilft mir auch mein Sohn sehr, der ist 2,5. Er hilft mir dabei, mich abzulenken. Mein jetziger Chef, der hilft mir auch sehr. Ich komme gar nicht mehr zur Versuchung."

Auf einer Skala von 1-10 (bei der 1 = Probierkonsum, 10 = Drogenabhängiger) würde er seinen damaligen Drogenkonsum zwischen 4 und 6 einordnen. Begründung: „Mal war es mehr, mal war es weniger. Es ist so geschwankt, es war so ein Gelegenheitskonsum."

(Ob es noch weitere laufende oder nicht aktenkundige Verfahren gebe?) „Nein."

Nach Lesen der Explorationsmitschrift:
(Warum er für alle das Cannabis dabei gehabt habe?)
„Ich habe das besorgt und habe es nicht im Zelt gelassen sondern hatte es bei mir. So war es dann bei mir für die 6 Leute."

IV.2. Interpretation der psychologischen Befunde und ihre Bedeutung für die Beurteilung

IV .2.1. Psychologisches Untersuchungsgespräch

Die Angaben von Herrn XX sind nicht geeignet, die Bedenken hinsichtlich der Fahreignung auszuräumen.

Eine Drogenabhängigkeit wurde bisher nicht diagnostiziert und ist auch auf Grund der aktuellen Befundlage nicht zu diagnostizieren (Ausschluss für Hypothese D 1).

Aus der Vorgeschichte und dem Untersuchungsgespräch ist somit abzuleiten: /

Das frühere Drogenkonsumverhalten des Klienten stellte ein „fehlangepasstes Muster von Substanzgebrauch dar, das sich in wiederholten und deutlich nachteiligen Konsequenzen manifestiert hat (Substanzmissbrauch nach DSM-IV). (Kriterium D 2.1 N) .

Dem Drogenkonsum des Klienten lag wiederholt oder überdauernd eine problematische Motivation zu Grunde und/oder es fehlte das grundsätzliche Bedürfnis zu einer angemessenen Verhaltens- und Wirkungskontrolle. (Kriterium D 2.2 N)

<u>Dafür sprechen folgende Hinweise:</u>

» Herr XX berichtete über körperliche Entzugserscheinungen
» Trotz negativer Folgen (Lustlosigkeit, Antriebslosigkeit, Führerscheinentzug) wurde der Konsum fortgesetzt.
» Nach Konsumpausen wird der Drogenkonsum fortgesetzt.
» Herr XX hatte im Zusammenhang mit dem Drogenkonsum Probleme mit Polizei, Gerichten oder Behörden.
» Herr XX setzte bei persönlichen Belastungen (Frustrationen, Unterprivilegierungen, Pubertätskonflikte) vorwiegend Drogenkonsum als Mittel zur Problembewältigung ein.
» Dem Drogenkonsum lag überwiegend ein problematisches Konsummotiv (z.B. (weitgehende Realitätsflucht) zu Grunde.

Deshalb ist zu prüfen, ob Herr XX konsequent und stabil auf den Konsum von Drogen verzichtet. (vgl. Hypothese D 2)

Konkret müssen folgende Kriterien für eine angemessene Problembewältigung erfüllt sein:

Die Ursachen der Entwicklung des Suchtstoffmissbrauchs wurden i.d.R. im Rahmen einer suchttherapeutischen Maßnahme, einer Psychotherapie oder eines fachlichen Beratungsprozess aufgearbeitet. Dies hat die persönlichen Voraussetzungen für eine stabile Abstinenz geschaffen, die von bereits ausreichender Dauer und nachvollziehbar dokumentiert ist. (Kriterium D 2.4 N)

Um eine angemessene Aufarbeitung der entstandenen Problematik bestätigen zu können, bedarf es der Abklärung der (außerhalb und insbesondere auch innerhalb der betreffenden Person liegenden) Bedingungen der problematischen Verhaltensentwicklung. Dies ist eine notwendige Voraussetzung für eine erfolgreiche Verhaltensänderung, da hierin die Basis für eine ausreichende Kontrolle solcher Bedingungen zu sehen ist.

Es besteht eine dauerhafte und tragfähige innere Distanzierung vorn Drogenkonsum. Der Klient konnte durch den Drogenverzicht neue Erfahrungen sammeln, die auch zukünftig Drogenfreiheit wahrscheinlich machen. (Kriterium D 2.5 K)

Eine bestehende Drogenabstinenz wird von günstigen Faktoren im Sozialverhalten und im sozialen Umfeld gestützt. (Kriterium D 2.6 N)

Diese Kriterien sind im Falle von Herrn XX nicht erfüllt.

Zur Entwicklung des Drogenkonsums nach der letzten Auffälligkeit:

(Wie er nach der letzten Auffälligkeit mit Drogen umgegangen sei?)
„Ich habe aufgehört. Mit meiner jetzigen Frau wollte ich eine Familie gründen. Da hatten wir gesagt, ich lasse auf dem Festival nochmal die Sau raus, dann wird gelebt für einen reiferen Lebensabschnitt."

(D.h. er habe sowieso den Konsum einstellen wollen?)
„Ich habe mit meiner Frau zusammen beschlossen, dass ich noch einmal die Sau rauslassen wollte. Ich wollte es für den neuen Lebensabschnitt eh beenden, um die Familie zu gründen."

(Wie er die Umstellung erlebt habe?)
„Ich habe am Anfang vielleicht daran gedacht, aber die Familienplanung war für mich und für uns wichtiger. Mich hat es auch sehr gefreut, dass ich wieder träumen kann."

(Wie er in Zukunft mit Drogen umgehen wolle?)
„Auf jeden Fall Abstand halten. Das Schleichverfahren habe ich gemerkt, dass man denkt; einmal geht schon, davon möchte ich Abstand halten."

(Wie sein heutiger Alkoholkonsum aussehe?)
„Nicht mehr als 2 Bier, das steht auf jeden Fall fest."

(Ob er noch Kontakte zu anderen Drogenkonsumenten habe?)
„Nein, das habe ich damals abgebrochen, mit dem Umziehen. Ich will da nichts mehr mit den Leuten zu tun haben, ich habe gesehen, dass es ein schleichender Prozess ist."

09.09.2019 Medizinisch-Psychologische-Untersuchung mit negativer Prognose bezüglich Drogen-Fragestellung

(Warum das Gutachten negativ geworden sei?)
„ Weil ich unvorbereitet in die MPU reingegangen bin. Ich musste innerhalb von 4 Wochen eine positive MPU vorlegen."

(Welchen Nutzen die Maßnahme bei Herrn YY für ihn hatte?)
„Ich habe meinen früheren Konsum nochmal gut überdacht. Wir haben besprochen, wie man nein sagt und stark bleibt. Da hat der Herr YY mir sehr geholfen."

(Wie er sein persönliches Rückfallrisiko einschätze?)
„Ich würde von mir aus sagen: nein. Weil es mich nicht mehr an-

macht oder anzieht. Mich stößt auch der Geruch ab. Ich kann es nicht mehr riechen."

(Ob es Situationen gebe, wo er vorsichtig sein müsse, dass er nicht, entgegen seines Vorsatzes wieder Drogen konsumiere?)
„In meiner jetzigen Sicht würde ich sagen nein. Am Anfang vielleicht, aber jetzt habe ich keine Probleme mehr. Ich bin willensstark und will nicht mehr konsumieren. Ich habe Angst, dass es wieder einen schleichenden Rückfall gibt. Ich möchte auch ein gutes Vorbild für meinen Sohn sein."

(Wie sich diese Abstinenz von seiner früheren Konsumpause unterscheide?)
„Bei meiner ersten Abstinenz, da hatte ich noch keine Familie, jetzt hilft mir auch mein Sohn sehr. Der hilft mir dabei, mich abzulenken. Mein jetziger Chef, der hilft mir auch sehr. Ich komme gar nicht mehr zur Versuchung."

Auf einer Skala von 1-10 (bei der 1 = Probierkonsum, 10 = Drogenabhängiger) würde er seinen damaligen Drogenkonsum zwischen 4 und 6 einordnen. Begründung: „Mal war es mehr, mal war es weniger. Es ist so geschwankt, es war so ein Gelegenheitskonsum."

(Ob es noch weitere laufende oder nicht aktenkundige Verfahren gebe?) „Nein."

Herr XX konsumiert nach eigenen Angaben seit dem 04.08.2017 keine Drogen mehr.

Damit wird die Anforderung einer in der Regel einjährigen Drogenabstinenz zwar erfüllt.

Die Plausibilität der Drogenabstinenz wird jedoch nicht durch nachvollziehbare Angaben zum Abstinenzentschluss, zu den Veränderungen im Lebensvollzug und/oder zu Rückfallvermeidungsstrategien gestützt.

Es ist positiv zu werten, dass Herr XX fachspezifische Unterstützung in Anspruch genommen und künftig abstinent leben möchte.

Aus seinen Angaben zur Entwicklung des Drogenkonsums kann jedoch nicht ausreichend nachvollzogen werden, durch welche persönlichen Gründe eine Drogenproblematik entstehen konnte (s. Vorgeschichte). Eine selbstkritische Identifikation und Bewertung persönlicher Ursachen für den Konsum von Drogen kann daher aus den Angaben auch nicht abgeleitet werden. Somit ist eine wichtige Voraussetzung für eine erfolgreiche Verhaltensänderung nicht erfüllt.

Der von Herrn XX vorgetragene Selbsteinschätzung als „Gelegenheitskonsument" kann aus fachlicher Sicht nicht gefolgt werden.

Herr XX ist sich der bestehenden Rückfallgefährdung in frühere Verhaltensgewohnheiten nicht bewusst und überschätzt seine diesbezüglichen Kontrollmöglichkeiten. Entsprechend kann nicht begründet werden, dass die angegebene Verhaltensänderung stabil ist.

Damit kann nicht bestätigt werden, dass eine stabile Drogenabstinenz vorliegt. (vgl. Hypothese D 2)

Die Möglichkeit der Teilnahme an einer Kursmaßnahme nach § 70 FeV (Fahrerlaubnisverordnung) wurde geprüft. Der Ausprägungsgrad und die Schwere der verbleibenden Bedenken lassen nicht erwarten, dass die Problematik in einem solchen Kurs aufgearbeitet werden kann.

Die festgestellten Defizite sind daher nicht genügend durch einen solchen Kurs beeinflussbar. (Hypothese D 7)

IV.2.2. Leistungstests
Die Überprüfung der verkehrsbedeutsamen Leistungsfunktionen ergab ausreichende Ergebnisse für Fahrerlaubnisklassen der Gruppe 1. Damit bestehen in diesem Bereich keine Bedenken an der Fahreignung.

V. Zusammenfassung
V.1. Beantwortung der Fragestellung
Die medizinisch-psychologische Untersuchung ergab zur Fragestellung der Behörde Befunde, mit denen die Bedenken an der Fahreignung nicht ausgeräumt werden können. Es ist davon auszugehen, dass die anzunehmende erhöhte Wiederauffallenswahrscheinlichkeit für Herrn XX weiterhin besteht.

<u>Daraus ergibt sich folgende Beantwortung der Fragestellung:</u>
Herr XX kann trotz der Hinweise auf gelegentlichen Cannabiskonsum sowie der bekannten Verkehrsteilnahme unter Cannabiseinfluss ein Kraftfahrzeug der Gruppe 1 (FE-Klasse B, BE, AM, L) sicher führen.
Es ist jedoch weiterhin zu erwarten, dass Herr XX auch zukünftig ein Kraftfahrzeug unter Einfluss von Betäubungsmitteln, anderen psychoaktiv wirkenden Stoffen oder deren Nachwirkungen führen wird.

Empfehlungen
Aus den Teilgutachten ergeben sich die nachfolgenden Empfehlungen, die erfahrungsgemäß sinnvoll für eine Wiederherstellung der

Fahreignung sind:

Bis zu einer erneuten Begutachtung sollten so schnell wie möglich weiterhin Abstinenznachweise dokumentiert werden, ebenfalls unter forensischen Bedingungen.

Bei in diesem Fall bereits ausreichenden Abstinenzbelegen kann aber auch - bei fortbestehender Abstinenz - vor einer erneuten Begutachtung mit mindestens einer Haaranalyse über 3 Monate oder einem Urinkontrollprogramm über 4 Monate mit 3 Tests ein dann aktueller Abstinenzbeleg erbracht werden.

Zu beachten ist, dass das untersuchende Labor nach DIN ISO EN 17025 für forensische Zwecke akkreditiert ist und nach den Standards der GTFCh arbeitet.

Wir weisen darauf hin, dass nach Abschluss eines Abstinenznachweises die Begutachtung zeitnah, möglichst spätestens nach 4 Monaten, erfolgen soll.

Ein nachweisfreier Abstinenzzeitraum von maximal 4 Monaten muss plausibel begründet werden, um bei der Begutachtung akzeptiert werden zu können. Dies wird im Einzelfall bewertet.

Ist ein nachweisfreier Abstinenzzeitraum von maximal 4 Monaten nicht plausibel begründet oder überschreitet der nachweisfreie Abstinenzzeitraum 4 Monate, dann muss durch weitere Abstinenznachweise (Urin- oder Haaranalysen) die Abstinenz für einen ausreichend langen Zeitraum dokumentiert werden.

Psychologisch:
Zur Unterstützung der nötigen Auseinandersetzung empfehlen

wir, sich mit dem bisherigen Berater in Verbindung zu setzen oder mit anderen in Verkehrspsychologie ausgebildeten Diplom-Psychologen oder Suchtberatern bei karitativen Trägern und dort das Gutachten vorzulegen, damit die Informationen daraus die weitere Arbeit unterstützen können.

5. Positives Punkte-Gutachten vom 6.04.2022 (gekürzt)

Fahreignungsgutachten

für Herrn XX
Geboren 2000
Untersucht im März 2022

I. ANLASS UND FRAGESTELLUNG DER UNTERSUCHUNG

Herr XX erteilte uns den Auftrag, ihn zu begutachten. Die zuständige Straßenverkehrsbehörde hat ihn aufgefordert, das Gutachten einer Begutachtungsstelle für Fahreignung vorzulegen. Die Fragestellung lautet:

„Ist zu erwarten, dass Herr XX auch zukünftig erheblich oder wiederholt gegen verkehrsrechtliche Bestimmungen verstoßen wird?“

II. ÜBERBLICK ÜBER DIE VORGESCHICHTE

Aktenübersicht

Die Akten der Verkehrsbehörde lagen bei der Begutachtung vor. Die im Folgenden dargestellten Sachverhalte wurden bei der Begutachtung berücksichtigt.

4.6.18
Ersterteilung einer Fahrerlaubnis

8.1.20 um 1.24 Uhr
regelwidrige Handybenutzung

24.2.20
Geschwindigkeitsüberschreitung um 29 km/h (50/79 km/h)

17.5.20
Geschwindigkeitsüberschreitung um 47 km/h auf der B10 (70/117 km/h)

Anordnung eines Aufbauseminars für Fahranfänger

21.8.20
fehlender Mindestabstand mit PKW bei 123 km/h auf der B28 (61,5 m/17 m)

7.12.20
Aberkennung des Rechts von der ausländischen Fahrerlaubnis in Deutschland Gebrauch zu machen wg. schwerer Regelverstöße in der Probezeit und der fehlenden Teilnahme am Aufbauseminar.

Sonstige Informationen

12.3.22
Bescheinigung über 13 psychotherapeutische Einzeltermine Mai 2021 - 12.3.22, Herr Y, psychoanalytischer Gestalttherapeut,

Psychologisches Untersuchungsgespräch

Herr XX wurde zu Gesprächsbeginn über Sinn, Zielsetzung und wesentliche Inhalte des psychologischen Untersuchungsgesprächs informiert. Die Fragestellung/en der Behörde sowie die dahinterstehenden Annahmen wurden erläutert. Dabei wurde Herr XX auch auf die Bedeutung unrealistischer, widersprüchlicher Angaben für das Ergebnis der Begutachtung hingewiesen.

Am Ende des Gesprächs erfolgt eine individuelle Ergebnis- oder Sachstandsmitteilung und es werden Hinweise zur weiteren Vorgehensweise gegeben, soweit dies zu diesem Zeitpunkt der Befunderhebung möglich ist.

Das Untersuchungsgespräch mit Herrn XX dauerte von 15.15 Uhr bis 16.15 Uhr.

Zur Biografie

Herr XX ist 21 Jahre alt.

Zurzeit sei er Single.

Heute sei seine 2. MPU, die erste habe am 3.8.21 bei TÜV SÜD stattgefunden. Sie habe nicht funktioniert, weil er Fehler beim Reaktionstest gemacht habe.

„Man hat mich mit dem Handy angetroffen und wegen Geschwindigkeitsüberschreitungen."

„Ich habe Stress gehabt und alle meine Gedanken haben sich mit der

Problematik des Führerscheins vermischt."

Kannten Sie die Regeln nicht?
„Ich kannte die Regeln, aber in bestimmten Momenten habe ich mich zu sehr beeilt."

Zu den Verkehrsauffälligkeiten

8. 1.20: regelwidrige Handybenutzung
„Ich bin gefahren und hatte das Telefon in der Tasche. Es klingelte mehrmals. Beim 3. Mal nahm ich es aus der Tasche und habe gesehen, dass ist eine bekannte Nummer war. Da habe zurückgerufen während der Fahrt."

Wie oft hatten Sie das vorher schon gemacht?
„Nein, bis dahin hatte ich das nicht gemacht und danach auch nicht noch mal."

24.2.20
Geschwindigkeitsüberschreitung innerorts um 29 km/h (50179 km/h)
„Ich war bei einem Freund und hatte einen freien Tag. Ich bin bei ihm geblieben. Als ich beim Freund war, haben die Eltern angerufen und gemeint ich solle nachhause kommen, um gemeinsam Abend zu essen. Auf der Fahrt nachhause habe ich die Geschwindigkeit überschritten."

Warum?

„Ich habe mich verpflichtet gefühlt und hatte versprochen, schnell zuhause zu sein."

17.5.20:
Geschwindigkeitsüberschreitung außerorts um 47 km/h (70/117 km/h) in Neu-Ulm „Das war mein Geburtstag. Ich war mit meiner damaligen Freundin bei einer anderen Freundin in Krumbach, wo wir eine Zeit blieben. Als wir dort waren, rief die Freundin meiner Freundin an, dass sie nachhause kommen soll. Es war sehr spät. Ich fühlte mich verpflichtet, dass sie zuhause ankommt. Ich habe vergessen, dass sie sich nicht in Sicherheit befindet. Um 20 Uhr hätte sie zuhause sein müssen, aber wegen der Geschwindigkeit hätte ein Unfall passieren können."

Warum passierte Ihnen das 2-mal?
„Das ist meine Schuld, ich bin das Risiko eingegangen. Ich habe das Leben von anderen Leuten in Gefahr gebracht."

Wieso halten Sie sich nicht an die Regeln?
„Ich halte mich daran. Ich weiß es nicht. Mein Äußeres ist nach innen gegangen. Es war kein richtiger Grund für die Überschreitunqen."

Was war mit Ihnen los?
„Ich hatte wenig Zeit und habe nur gearbeitet."

21.8.20:
fehlender Mindestabstand bei 123 km/h auf der B28

„Ich hatte einen freien Tag und wollte für Einkäufe nach K. Vor der Abfahrt rief der Chef an, dass ich trotzdem arbeiten kommen sollte. Ich sagte, dass das nicht geht. Er hat es aber weiter von mir gefordert und ich sagte dann „ja, aber später". Dann fuhr ich zu den Einkäufen und vor mir fuhr ein Fahrzeug, das sehr langsam fuhr. Dem gab ich ein kurzes Lichtzeichen, aber der vorne wollte nicht nach rechts fahren und dann bin ich näher an ihn herangefahren."

Ist das erlaubt?
„Nein."

Warum machen Sie es dann? Was sagt das über Sie aus?
„Ich war nicht interessiert und trug keine Verantwortung für die anderen."

Warum machten Sie es 2020 ein Jahr lang komplett falsch?
„Was soll ich dazu sagen. Seit ich den Führerschein nicht mehr habe, habe ich eingesehen, wie schlecht das war .... Ich habe mir 2019 einen Audi 5 gekauft und mit dem fuhr ich öfter zu schnell. Man bekam das gar nicht richtig mit. Jetzt ist das Auto in … und ich fahre damit nur im Urlaub dort. In Deutschland werde ich es nicht mehr benutzen .... Hinzu kam, ich konnte die Post nicht lesen und sie wurde für mich nur teilweise übersetzt. Deshalb habe ich das Aufbauseminar erst gemacht, nachdem der Führerschein weg war."

Was haben Sie aus all dem gelernt?
„Das Leben ist das wichtigste. Die Pause ohne Führerschein war gut für mich und mein Leben. Ich habe viel verloren, aber auch viel begriffen. Wenn ich den Führerschein wieder bekomme, möchte ich gerne die Klasse C machen. Ich suche mir dann einen anderen Arbeitsplatz, wo das gebraucht wird."

Was nehmen Sie sich vor, wenn Sie wieder fahren dürfen?
„Ich fahre, was da steht. Wo 50 km/h steht, fahre ich am besten 40 km/h. Der Stress und die Ausgaben sind mir eine Lehre gewesen. Ich habe bislang zu wenig gelernt und ich muss mich auch mit der deutschen Sprache beschäftigen, z.B. einen Kurs besuchen. Jetzt will ich Verantwortung tragen und alle Regeln respektieren, vor allem

die Vorschriften für die Geschwindigkeit. Und mein Handy werde ich während der Fahrt immer ausmachen.“

IV. BEWERTUNG DER BEFUNDE

Die im Teil II des Gutachtens dargestellten Voraussetzungen für eine günstige Prognose wurden anhand der oben erläuterten Methoden überprüft. Im Folgenden werden die in Teil III wiedergegebenen Befunde im Hinblick auf die behördliche Fragestellung bewertet und ggf. in ihrer Aussagekraft gewichtet.

Es war im Rahmen der Begutachtung auch auszuschließen, dass die aktenkundigen Auffälligkeiten im Zusammenhang mit einer psychiatrischen, neurologischen oder körperlichen Störung stehen. Andernfalls ist, soweit dies im Rahmen der Fragestellung möglich ist, zu klären, ob die aktuelle Befundlage trotzdem eine sichere Verkehrsteilnahme erwarten lässt. Die Bewertung, ob eine bei der Untersuchung festgestellte Krankheit oder ein körperlicher Mangel für die Fahreignung bedeutsam sind, orientiert sich an den Begutachtungsleitlinien zur Kraftfahreignung.

Eine psychiatrische, neurologische, internistische oder körperliche Störung, die sich (mit-) ursächlich auf die aktenkundigen Verhaltensauffälligkeiten ausgewirkt haben könnte, ist im Rahmen der Untersuchung nicht erkennbar. Das orientierende medizinische Befundbild ist weitgehend unauffällig. Es finden sich weder aktuell noch aus der Vorgeschichte Hinweise auf den Einfluss relevanter somatischer oder psychiatrischer Störungen auf das Verkehrsverhalten. Eine weitergehende diagnostische Abklärung war deshalb verzichtbar.

Gegenwärtig liegen keine Hinweise auf verkehrsbedeutsame Beeinträchtigungen der geistigen bzw. psychisch-funktionalen Voraussetzungen vor. Die in den Tests gezeigten Leistungen genügen, um sich mit Fahrzeugen der beantragten Klasse verkehrsgerecht verhalten zu können. Insbesondere werden die in den Begutachtungsleitlinien zur Kraftfahreignung für die gewünschte Fahrerlaubnis geforderten Normwerte erreicht.

Bei der Bewertung der Befunde ist zu berücksichtigen, dass die Angaben von Herrn XX nur dann zur Beurteilung seiner individuellen Problematik herangezogen werden können, wenn sie glaubhaft und nachvollziehbar sind.

Herr XX war in der medizinisch-psychologischen Untersuchung kooperativ, zeigte sich gesprächsbereit und äußerte sich zu Themenbereichen, die für die Gutachtenerstellung notwendig waren. Er verhielt sich der Situation angemessen. Obgleich er sich im Gespräch offen zeigte, waren die notwendigen Informationen für die Analyse seines Fehlverhaltens und dessen ursächlicher Probleme nur teilweise zu erhalten. Das Gesprächsverhalten von Herrn XX wirkte frei von inneren Widersprüchen, soweit sich dies durch die Übersetzungsleistung des Dolmetschers beurteilen ließ. Körperausdruck und Mimik waren in sich stimmig und standen nicht im Widerspruch zum Inhalt seiner Ausführungen.

Auf dieser Grundlage konnten wesentliche Befunde erhoben werden. Da die Angaben von Herrn XX Sachverhalten aus der Verkehrsakte oder dem wissenschaftlichen Erfahrungswissen nicht widersprachen, sind sie für die Bewertung der Problematik und die Beantwortung der Fragestellung verwertbar.

Die Frage, ob bei Herrn XX weiterhin erhebliche Verkehrsverstöße zu erwarten sind, wurde anhand der in Teil III des Gutachtens be-

schriebenen Befunde geprüft.
Bei Herrn XX fanden sich bei der Analyse der Ursachen für die aktenkundigen Auffälligkeiten in der Probezeit keine Hinweise auf eine generalisierte Störung der emotionalen und sozialen Entwicklung oder auf grundlegende Anpassungsstörungen. Auch sind keine so verfestigten Verhaltensmuster zu erkennen, dass von einer fehlenden Fähigkeit auszugehen wäre, sich im Straßenverkehr angepasst zu verhalten. Die Verkehrsauffälligkeiten sind bei Herrn XX im Wesentlichen auf eine verminderte Anpassungsbereitschaft und Fehleinstellungen im Zusammenhang mit der Beachtung von Regeln zurückzuführen, wobei sich in Verbindung mit einem leistungsstarken Auto ab Ende 2019 problematische Fahrverhaltensgewohnheiten herausbildeten.

Im ganzen Jahr 2020 war bei Herrn XX ein für die Verkehrssicherheit problematisches Verhalten festzustellen, das durch erhöhte Risikobereitschaft, verminderte Risikowahrnehmung und hohe Egozentrik aufrechterhalten wurde. Herr XX wies in diesem Zeitraum eine geringe Beeindruckbarkeit durch Sanktionen oder sonstige Konsequenzen des Fehlverhaltens auf, was auch daran gelegen haben dürfte, dass er Deutsch nicht lesen kann und auch in seinem Umfeld niemand die deutsche Sprache spricht.

Durch eine MPU im Vorfeld und therapeutische Gespräche scheint es mittlerweile zu einer hinreichenden Einstellungs- und Verhaltensänderung gekommen zu sein, von der Herr XX jedoch nur eingeschränkt berichten konnte. Da er jetzt gewillt ist, Verantwortung für andere Verkehrsteilnehmer zu übernehmen, kann angenommen werden, dass er - ohne ein Auto, das ihn offenbar überforderte - nun auch über eine ausreichende Selbstkontrolle bei der Einhaltung von Verkehrsregeln verfügt.

Die Befunde des psychologischen Untersuchungsgesprächs lassen erkennen, dass Herr XX erkannt hat, dass seine Verkehrsauffälligkeiten eine ungewöhnliche Ausprägung und Häufung aufweisen. Er konnte die frühere Gewohnheitsbildung und ihre Ursachen im Ansatz reflektieren und erkennt im Wesentlichen den Zusammenhang zwischen seinen Grundhaltungen und den Delikten.
Herr XX hat auf der Grundlage einer vorhandenen Problemeinsicht auch einige Änderungen in seinen Einstellungen und im Verhalten vorgenommen. Es ist zu einer verbesserten Regelakzeptanz gekommen und er hat sich vorgenommen, sicherheitsorientierter mit ihnen umgehen.

Die Veränderungen in Einstellungen und Verhalten sind konkret und auf Dauer angelegt, sie haben sich weitgehend stabilisiert und werden von Herrn XX als zufriedenstellend erlebt. In wie weit von seinen Arbeits- und Lebensbedingungen ein destabilisierender Einfluss ausging und ausgeht, konnte nicht hinreichend geklärt werden. Herr XX machte jedoch deutlich, dass er sich beruflich weiter entwickeln möchte. Er problematisiert inzwischen seine fehlenden Deutschkenntnisse und möchte durch den Besuch von Kursen Abhilfe schaffen. Realisiert hat er dieses Vorhaben jedoch noch nicht.

Nach Abwägung aller positiven und negativen Befunde unserer Untersuchung gelangen die Gutachter zur Einschätzung, dass Herr XX nunmehr motiviert und in der Lage ist, sich regelkonform im Straßenverkehr zu bewegen. Eine verlängerte Probezeitregelung sollte ihm von der Behörde jedoch vor Wiedererteilung einer Fahrerlaubnis genau erläutert werden, ggf. in dem er verpflichtet wird, zur Abholung des Führerscheins mit einem Dolmetscher zu erscheinen.

V. BEANTWORTUNG DER FRAGESTELLUNG

Bei zusammenfassender Wertung der Untersuchungsergebnisse kann die behördliche Fragestellung wie folgt beantwortet werden:

Es ist nicht zu erwarten, dass Herr XX auch zukünftig erheblich oder wiederholt gegen verkehrsrechtliche Bestimmungen verstoßen wird.

6. Positives Straftat-Gutachten vom 22.03.2022 (gekürzt)

Fahreignungsgutachten
für Herrn XX,
geboren 1997,
untersucht im März 2022.

I. ANLASS UND FRAGESTELLUNG DER UNTERSUCHUNG

Herr XX erteilte uns den Auftrag, ihn zu begutachten. Die zuständige Straßenverkehrsbehörde hat ihn aufgefordert, das Gutachten einer Begutachtungsstelle für Fahreignung vorzulegen. Die Fragestellung lautet:

„Ist trotz der aufgrund der aktenkundigen erheblichen Straftaten im Zusammenhang mit der Kraftfahreignung auf Grund von Anhaltspunkten für ein hohes Aggressionspotenzial, die unter Nutzung eines Fahrzeug begangen wurde, zu erwarten, dass sich Herr XX künftig im Straßenverkehr ordnungsgemäß verhalten, also bei der Verkehrsteilnahme nicht erheblich oder wiederholt gegen straf- oder verkehrsrechtliche Vorschriften verstoßen wird?“

II. ÜBERBLICK ÜBER DIE VORGESCHICHTE

Aktenübersicht

Die Akten der Verkehrsbehörde lagen bei der Begutachtung vor. Die im Folgenden dargestellten Sachverhalte wurden bei der Begutachtung berücksichtigt.
24.10.2020
Strafbefehl vom Amtsgericht **ANTWORT:** Herr XX hat am 18.07.2020 sich wegen fahrlässiger Gefährdung des Straßenverkehrs gern. §315c StGB strafbar gemacht. Tatzeit: 13: 10 Uhr.

01.07.2021
Fahreignungsbegutachtung durch TÜV SÜD mit einer Verkehrsfragestellung und negativer Prognose.

Sonstige Informationen zur Vorgeschichte

01.12.2021
Bescheinigung von Dipl. Psych. YY über die Teilnahme an 6 Einzelsitzungen im Zeitraum von September 2021 bis Dezember 2021.

Psychologisches Untersuchungsgespräch

Herr XX wurde zu Gesprächsbeginn über den Sinn, die Zielsetzung und die wesentlichen Inhaltsbereiche der psychologischen Exploration informiert.

Das Untersuchungsgespräch mit Herrn XX dauerte von 11 :40 Uhr bis 12:12 Uhr.

Zur Biografie

Herr XX gibt an, er sei 25 Jahre alt. Er sei verheiratet und habe ein Kind.

Zum Freizeitverhalten gab er an: spazieren gehen oder baden gehen.

Derzeit sei er seit 3,5 Jahren als Metzger tätig. Davor habe er bei einer Bäckerei gearbeitet.

Zur Führerscheinsituation
Die Fahrerlaubnis habe er erstmals 2019 für die Klasse B erworben. Aufgrund einer Auffälligkeit im Straßenverkehr wurde ihm die Fahrerlaubnis entzogen. Dies sei seine zweite MPU.

Zu den Verkehrsauffälligkeiten

Ihre erste MPU?
„Nein, das ist die zweite MPU."

Was haben Sie seit der letzten MPU verändert?
„Ich habe psychologische Beratung gemacht und ich bin mir bewusst über meine Fehler."

24.10.2020 Strafbefehl vom Amtsgericht **ANTWORT:**
Herr XX hat am 18.07.2020 sich wegen fahrlässiger Gefährdung des Straßenverkehrs gem. §315c StGB strafbar gemacht.

Wie erklären Sie das? „Ich kam aus der Tschechei und ich war schon 4 Stunden gefahren. Es war voll auf der Straße und ich bin auf der ersten Fahrbahn gefahren. Als ich auf die 2. Fahrbahn wechseln wollte, habe ich nicht geblinkt und ich habe mich verschätzt bzgl. der Entfernung des kommenden Fahrzeugs hinter mir. Der andere hat mich angefahren. Dadurch hat sich der Unfall ergeben.

„ Warum haben Sie nicht geblinkt und warum haben Sie die Entfernung nicht eingehalten beim Überholen?"

Die Autobahn war sehr voll und ich konzentrierte mich auf den Verkehr. Eventuell auch wegen der geringen Fahrpraxis." Wie ging es weiter? „Derjenige mit dem Jeep hat die Polizei angerufen. Ich wurde zum Polizeiposten in A. Die anderen 3, die mit mir im Auto waren, haben eine Stellungnahme angegeben. Mir hat man gesagt, ich muss keine Stellungnahme abgeben, da ich einen Rechtsanwalt hatte." Was denken Sie, was Sie falsch gemacht haben? „Dass ich nicht geblinkt habe und dass ich nicht die entsprechende Entfernung zum Jeep eingehalten habe. Ich habe zu schnell auf die 2. Fahrbahn gewechselt. Ich war müde. Bis Freitagabend habe ich gearbeitet und am Samstag früh bin ich in die Tschechei gefahren.

War die Überholung regulamentär?
„Ich wollte von der rechten Fahrbahn auf die mittlere Fahrbahn wechseln. Der mit dem Jeep meinte, ich hätte ihn rechts überholt. Ich war zuerst auf der mittleren Fahrbahn, dann habe ich auf die rechte Fahrbahn gewechselt, weil ich dachte, dass es da schneller geht. Danach wollte ich zurück auf die mittlere Fahrbahn wechseln und da ereignete sich der Unfall." Wieso konnte er das angegeben, wenn das doch keine Absicht von Ihnen war? „Wahrscheinlich, weil ich nicht geblinkt habe und mich nicht ausreichend versichert habe." Nach wie viel Zeit haben Sie von der rechten Fahrbahn auf die mittlere Fahrbahn gewechselt? „Nach etwa 2 km." Warum sind Sie so müde gefahren? „Samstag nachmittags hatte ich einen Minijob und ich wollte bis dahin zurück sein."

Gab es früher Unfälle? Nein, das war der erste Unfall. Wie schnell waren Sie? „Etwa 120 km/h wie die Straßenschilder es zugelassen haben."

Was würden Sie anders machen, wenn die gleiche Situation käme? „Ich würde mich besser absichern, ich würde blinken."

Vorgeschichte
Wie konnten sich diese problematischen Gewohnheiten entwickeln? „Wäre ich konzentriert gewesen und hätte ich geblinkt, hätte mich der andere Fahrer gesehen." Frage wiederholt. „Ich denke die fehlende Fahrpraxis."

Wie erklären Sie, dass Sie Regeln und Gesetze missachtet haben? Was waren die Gründe dafür? „Ich denke die Müdigkeit und der Verkehr war voll. Und die fehlende Fahrpraxis."

Veränderung
Was ist jetzt anders (z.B. Distanzierung von früheren Kreisen, früheren äußeren Bedingungen, Stressbewältigung)? „Ich habe meine Einstellung gegenüber dem Straßenverkehr verändert." Inwiefern haben Sie das gemacht? „Ich war bei einem Psychologen, um die Fehler zu erkennen und diese Fehler nicht mehr zu begehen. Ich habe mehr Verantwortung für was ich tue."

Wie wollen Sie künftig konkret erneute Auffälligkeiten vermeiden? „Ich respektiere alle Verkehrsteilnehmer, ich nehme sie wahr, ich respektiere die Regeln." Konkreter? „Ich muss anders denken. Ich werde blinken und mich vergewissern, dass ich sicher überholen kann."

Welche Motivation haben Sie entwickelt, um Regeln und Gesetze einzuhalten? „Es ist mein Leben und das Leben der anderen Verkehrsteilnehmer, meine Familie, das Geld."

Welche Änderungen haben Sie in Ihren Einstellungen, in Ihrer Denkweise festgestellt? „Der gegenseitige Respekt im Verkehr. Ich vermeide Wettbewerb, ich schalte mein Egoismus aus." Wie schalten Sie Ihr Egoismus aus? „Ich muss mehr Geduld haben, ruhiger sein, wenn ich fahre."

Wo müssen Sie aufpassen, dass Sie nicht in alte Verhaltensmuster zurückfallen? „Immer muss ich aufpassen. Insbesondere beim Spurwechseln."

Wie bewerten Sie die Entscheidung der Behörde, Ihnen die Fahrerlaubnis zu entziehen? „Es war korrekt und richtig. Ich habe Fehler gemacht."

Wer unterstützt Sie dabei, künftig Regeln und Gesetze einzuhalten? „Ich selbst. Meine Frau auch."

Haben Sie eine psychologische Maßnahme in Anspruch genommen? „Ja." Was haben Sie da gelernt? „Ich habe gelernt, dass ich nicht lügen soll, dass ich meine Fehler eingestehen soll, dass ich korrekt sein muss. Mir sind meine Fehler bewusst geworden. Ich habe mein Verhalten reflektiert."

IV. BEWERTUNG DER BEFUNDE

Die im Teil II des Gutachtens dargestellten Voraussetzungen für eine günstige Prognose wurden anhand der oben erläuterten Methoden überprüft. Im Folgenden werden die in Teil III wiedergegebenen Befunde im Hinblick auf die behördliche Fragestellung bewertet und ggf. in ihrer Aussagekraft gewichtet. Nach den Ergebnissen der durchgeführten Verfahren ergibt sich bei Herrn XX folgendes Bild:

Die Bewertung, ob eine bei der Untersuchung festgestellte Krankheit oder ein körperlicher Mangel für die Fahreignung bedeutsam sind, orientiert sich an den Begutachtungs-Leitlinien zur Kraftfahrereignung.

Eine psychiatrische, neurologische, internistische oder körperliche Störung, die sich (mit-) ursächlich auf die aktenkundigen Verhaltensauffälligkeiten ausgewirkt haben könnte, ist im Rahmen der Untersuchung nicht erkennbar. Das orientierende medizinische Befundbild ist weitgehend unauffällig. Es finden sich weder aktuell noch aus der Vorgeschichte Hinweise auf den Einfluss relevanter somatischer oder psychiatrischer Störungen auf das Verkehrsverhalten. Eine weitergehende diagnostische Abklärung war deshalb verzichtbar.

Die von Herrn XX in den Tests gezeigten Leistungen genügen, um sich mit einem Fahrzeug der beantragten Klasse verkehrsgerecht verhalten zu können. Insbesondere werden die in den Begutachtungsleitlinien zur Kraftfahreignung für die betroffene Fahrerlaubnis geforderten Normwerte erreicht.

Der Schwerpunkt der Eignungsproblematik ist aber auch in anderen Bereichen zu suchen. Bei Herrn XX sind im Hinblick auf die zukünftige Verkehrsbewährung insbesondere seine problematischen Einstellungen zu berücksichtigen.

Bei der Bewertung der Befunde ist zu berücksichtigen, dass die Angaben von Herrn XX nur dann zur Beurteilung seiner individuellen Problematik herangezogen werden können, wenn sie glaubhaft und nachvollziehbar sind.

Bei der Untersuchung konnten alle wesentlichen Befunde erhoben werden. Die Angaben von Herrn XX waren zudem weitgehend in sich stimmig. Widersprüche mit der Aktenlage oder wissenschaftlichem Erfahrungswissen konnten nicht festgestellt oder korrigiert werden. Die Angaben sind daher für die Beantwortung der Fragestellung verwertbar.

Herr XX war in der heutigen medizinisch-psychologischen Untersuchung kooperativ. Er zeigte sich gesprächsbereit und äußerte sich zu allen Themenbereichen, die für die Gutachtenerstellung notwendig waren. Sein Verhalten war der Situation angemessen. Herr XX zeigte sich im Gespräch soweit offen, dass die für die Analyse des Fehlverhaltens und seiner ursächlichen Probleme notwendigen Informationen zu erhalten waren.

Aus psychologischer Sicht liegt eine schwerwiegende Problematik des Verstoßes gegen verkehrsrechtliche Bestimmungen aufgrund von problematischen und verfestigten Verhaltensmustern bei verminderter Anpassungsfähigkeit vor.

Herr XX berichtete davon, dass er im Zusammenhang mit der Verkehrsteilnahme regelmäßig ordnungsgemäß gefahren ist (Wie konnten sich diese problematischen Gewohnheiten entwickeln? „ Wäre ich konzentriert gewesen und hätte ich geblinkt, hätte mich der andere Fahrer gesehen.“ Frage wiederholt. „Ich denke die fehlende Fahrpraxis.). Das bedeutet, dass bei ihm situativ unangemessene Verhaltensweisen aufgetreten sind, die sich nur dadurch erklären lassen, dass neben den äußeren Anforderungen bei der Bewältigung der Situation zusätzlich Auswirkungen aufgrund einer fehlenden Fahrpraxis wirksam geworden sind.

Herr XX hat die Ursachen für die früheren Vergehen erkannt, er konnte ein ausreichendes Problembewusstsein entwickeln (Wie erklären Sie, dass Sie Regeln und Gesetze missachtet haben? Was waren die Gründe dafür? „Ich denke die Müdigkeit und der Verkehr war voll. Und die fehlende Fahrpraxis." Darüber hinaus ist seine Motivation nachvollziehbar (Welche Motivation haben Sie entwickelt, um Regeln und Gesetze einzuhalten? „Es ist mein Leben und das Leben der anderen Verkehrsteilnehmer, meine Familie, das Geld.

Die zugrundeliegenden persönlichen Probleme und Motive für die wiederholten Auffälligkeiten sind therapeutisch hinreichend aufgearbeitet worden, so dass ein ausreichendes Problembewusstsein vorhanden ist. Seine Darstellung geht über Situationsbeschreibungen hinaus. Für eine stabile Änderung des Verhaltens ist zu fordern, dass sie aus einem persönlichen Problembewusstsein resultiert und dass eine adäquate Aufarbeitung der Hintergrundproblematik stattgefunden hat. Dies ist bei Herrn XX ausreichend erkennbar.

Herr XX kann konkrete Strategien schildern, wie er künftig Gesetze und Regeln einhalten will und weitere Verkehrsauffälligkeiten vermeiden kann (Wie wollen Sie künftig konkret, erneute Auffälligkeiten vermeiden? „Ich respektiere alle Verkehrsteilnehmer, ich nehme sie wahr, ich respektiere die Regeln." Konkreter? „Ich muss anders denken. Ich werde blinken und mich vergewissern, dass ich sicher überholen kann." Er kann ausreichend erklären, wie es ihm künftig gelingen kann, nicht mehr auffällig zu werden (Wo müssen Sie aufpassen, dass Sie nicht in alte Verhaltensmuster zurückfallen? „Immer muss ich aufpassen. Insbesondere beim Spurwechseln.).

Bei ihm kann von einer Einstellungsänderung ausgegangen werden (Was ist jetzt anders (z.B. Distanzierung von früheren Kreisen, früheren äußeren Bedingungen, Stressbewältigung)? „Ich habe meine Einstellung gegenüber dem Straßenverkehr verändert." Inwiefern

haben Sie das gemacht? „Ich war bei einem Psychologen, um die Fehler zu erkennen und diese Fehler nicht mehr zu begehen. Ich habe mehr Verantwortung für was ich tue."), zu die auch die psychologische Maßnahme beigetragen hat (Haben Sie eine psychologische Maßnahme in Anspruch genommen? „Ja." Was haben Sie da gelernt? „Ich habe gelernt, dass ich nicht lügen soll, dass ich meine Fehler eingestehen soll, dass ich korrekt sein muss. Mir sind meine Fehler bewusst geworden. Ich habe mein Verhalten reflektiert.")
Insgesamt kann festgehalten werden, dass sich Herr XX ausreichend mit seiner Vorgeschichte auseinandergesetzt hat und die eigene Problematik erkannt hat. Zudem hat er Strategien erarbeitet, die sicherstellen, dass er künftig nicht mehr auffällig wird und hat eine entsprechende Motivation entwickelt.

Es kann daher zum gegenwärtigen Zeitpunkt eine günstige Prognose gestellt werden.

V. BEANTWORTUNG DER FRAGESTELLUNG

Bei zusammenfassender Wertung der Untersuchungsergebnisse kann die behördliche Fragestellung wie folgt beantwortet werden:

Es ist trotz der aktenkundigen erheblichen Straftat im Zusammenhang mit der Kraftfahreignung auf Grund von Anhaltspunkten für ein hohes Aggressionspotenzial, die unter Nutzung eines Fahrzeug begangen wurde, zu erwarten, dass sich Herr XX künftig im Straßenverkehr ordnungsgemäß verhalten, also es ist nicht zu erwarten, dass er bei der Verkehrsteilnahme erheblich oder wiederholt gegen straf- oder verkehrsrechtliche Vorschriften verstoßen wird.

I: In eigener Sache: Unser Online-Kurs

Unser Online-Kurs ist ein interaktives Lernprogramm, das Sie auf die MPU vorbereitet und das darauf ausgelegt ist, den Stoff zu vermitteln und zu vertiefen. Es bietet kleine Lerneinheiten, die individuell nach dem eigenen Rhythmus bearbeitet werden können. Ein Kontrollzentrum nach jeder Lektion zeigt den Fortschritt und wo nachgearbeitet werden muss.

Wir arbeiten ebenfalls in dem Fragen-Antworten-Modus, den Sie hier bereits kennengelernt haben. Das Programm stellt die Fragen, und Sie müssen diese beantworten. Insgesamt 860 Fragen kommen alle aus MPU-Gutachten. Sie sind also alle schon einmal in einem Termin gestellt worden. Die vorformulierten Antworten sind Beispiele, die aber nicht übernommen werden sollen. Es ist wichtig, eigene, authentische Antworten aus der eigenen Erfahrung zu finden.

Unser Kontrollzentrum im Lernprogramm „Zur Kontrolle“ ist eine graphische Erfolgskontrolle. Es gibt drei Bewertungen: Grün, Rot und Keine Antwort.

Grün bedeutet, die Frage kann ich flüssig beantworten. Das ist demnach eine Frage, mit der ich mich überzeugend auseinandergesetzt habe. Rot bedeutet, diese Frage wurde noch nicht zufriedenstellend behandelt, also nacharbeiten. Keine Antwort bedeutet, mit dieser Frage habe ich mich noch nicht beschäftigt. Wenn Sie die Kontrollfunktion pflegen, erkennen Sie schnell, wo Sie sicher sind und wo noch Handlungsbedarf besteht.

Zum Üben stellt Ihnen das Lernprogramm die gleichen Fragen wie der Psychologe in der Prüfung. Zu Hause haben Sie aber Zeit, sich die richtige Antwort zu überlegen. Im Zweifel können Sie die richtige Antwort auch nachschlagen. Und Sie können das immer wieder trainieren, bis Ihre Antwort sitzt.

Später in der Prüfung am Tisch, Auge in Auge mit dem Psychologen, wenn Sie sowieso nervös sind, haben Sie keine Zeit mehr. Dann sollten Sie eine gute Antwort parat haben. Und dann sollten Sie auch wissen, wenn Sie hier z.B. Wörter wie „ein paar Bierchen“ oder „Pech gehabt“ verwenden, dann sind Sie fast schon automatisch durchgefallen. Wer die für ihn wichtigen Fragen sorgfältig durchgearbeitet hat, ist prüfungsreif! Der positive Abschluss wird zwar nicht garantiert, ist aber sehr viel wahrscheinlicher.

Der Stoff ist gegliedert in vier große Kapitel:

- » Alkohol
- » Drogen
- » Punkte
- » Punkte und Straftaten

Dazu kommt noch jede Menge Stoff wie eine Checkliste als Fahrplan bis zur MPU, allgemeine Fragen zur MPU, Infos über Seminare und spezifisches Fachwissen, das manchmal abgefragt wird. Einen ersten Eindruck haben Sie bereits in diesem Buch erhalten.

Daneben werden Sie über fachspezifische Begriffe wie Urinkontrollen, Haaranalyse oder Suchttherapie informiert und über besondere Kurse wie z.B. das Aufbauseminar nach § 36 FeV. Was ist davon für

Sie wichtig? Wann müssen Sie sich wo anmelden?

Im Rahmen des Programms können Sie nach Bedarf für die Leistungstests am Computer trainieren. Die Leistungstests werden immer wichtiger. Im Programm können Sie sieben verschiedene Reaktions-, Ausdauer und Konzentrations-Tests üben, üben, üben...

- » Linienfolgetest
- » Reaktionstest
- » 9-Kästchen-Test
- » Figurenvergleichstest
- » Verkehrssituationstest
- » Segelboottest
- » Farb- und Ton-Reaktionstest

Stellen Sie sich bei dem gefürchteten Farb- und Ton-Reaktionstest Ihre persönliche Reaktionszeit und den Signalabstand selbst ein und nähern Sie sich so langsam aber sicher Ihrem wirklichen Leistungslevel.

Die Tests sind keine Computerspiele, bei denen man eine hohe Punktzahl erzielen muss. Stattdessen geht es darum, die verschiedenen Test-Methoden kennenzulernen und sich mit den spezifischen Anforderungen vertraut zu machen. Bei den Tests gibt es Lerneffekte. Man kann seine Leistungen kontinuierlich verbessern, wenn man sich mit den speziellen Anforderungen vertraut macht. Je mehr man sein Gehirn fordert, je variabler die Reize sind, desto schneller stellt sich der Körper darauf ein. Im Kopf bilden sich neue Synapsen und beim nächsten Mal treten Vertrautheitseffekte auf. Die Leistungstests sind Bestandteil des Programms, sie brauchen nicht extra erworben zu werden.

Nähere Informationen hierzu finden Sie auf unserer Homepage www.mpu-programm.de.

Argumente, die zählen:
Ich kann mich hier vollständig auf die MPU vorbereiten, ohne Vorbereitung werde ich mit ziemlicher Sicherheit die Prüfung nicht bestehen.

Der Kurs enthält insgesamt 860 echte Prüfungsfragen und Antworten. Wer die sorgfältig durchgearbeitet hat, beherrscht den Prüfungsstoff.

Ich kann lernen, wann, wo und wie ich will. Ich lerne im eigenen Rhythmus und kann meine Fortschritte überprüfen.

Zum Kurs gehören die wichtigsten Leistungstests. An sieben verschiedenen Reaktions-, Ausdauer und Konzentrations-Tests kann ich üben, üben, üben…

5. Für das Online-Abo spricht, dass der Kurs laufend aktualisiert wird.

6. Wer möchte, kann einen Künstlernamen wählen und damit anonym bleiben.

7. Der Kurs ist eine kostengünstige Lösung, denn ich spare die wesentlich höheren Honorare für die MPU-Berater, Fahrtkosten zum Schulungszentrum und vor allem Zeit, denn ich muss nicht weit reisen.

Zum Schluss noch einmal die entscheidende Frage, ob das Programm die Arbeit mit dem Verkehrspsychologen entbehrlich macht? Das Programm kann und will keine vielleicht notwendige Verkehrstherapie ersetzen. Eine MPU-Vorbereitung wird nur erfolgreich sein, wenn eine echte Veränderung in der Wesensart des Klienten stattgefunden hat. Das kann mithilfe eines Verkehrspsychologen erfolgen, kann aber auch in einem eigenen Einsicht- und Entwicklungsprozess erfolgen. Eine Verkehrstherapie ist nur bei einem gravierenden psychischen Problem erforderlich. Die Hauptsache ist, dass tatsächlich eine echte Veränderung stattgefunden hat.

KEINE ANGST MEHR VOR DER MPU

Mit unserer Lernsoftware werden Sie optimal auf die MPU vorbereitet – zu einem vernünftigen Preis.

www.mpu-programm.de

Beginnen Sie noch heute mit Ihrer MPU Vorbereitung

Unser Online-Kurs